Editor / Herausgeber:
Prof. Salomon Klaczko-Ryndziun, Frankfurt a. M.
Co-Editors / Mitherausgeber:
Prof. Ranan Banerji, Temple University, Philadelphia
Prof. Jerome A. Feldman, University of Rochester, Rochester
Prof. Mohamed Abdelrahman Mansour, ETH, Zürich
Prof. Ernst Billeter, Universität Fribourg, Fribourg
Prof. Christof Burckhardt, EPF, Lausanne
Prof. Ivar Ugi, Technische Universität München
Prof. King-Sun Fu, Purdue University, West Lafayette
Prof. Gerhard Fehl, R.W.T.H., Aachen
Dr.-Ing. Ekkehard Brunn, Universität, Dortmund

Interdisciplinary Systems Research
Analysis — Modeling — Simulation

The system science has been developed from several scientific fields: control and communication theory, model theory and computer science. Nowadays it fulfills the requirements which Norbert Wiener formulated originally for cybernetics; and were not feasible at his time, because of insufficient development of computer science in the past.

Research and practical application of system science involve works of specialists of system science as well as of those from various fields of application. Up to now, the efficiency of this co-operation has been proved in many theoretical and practical works.

The series 'Interdisciplinary Systems Research' is intended to be a source of information for university students and scientists involved in theoretical and applied systems research. The reader shall be informed about the most advanced state of the art in research, application, lecturing and metatheoretical criticism in this area. It is also intended to enlarge this area by including diverse mathematical modeling procedures developed in many decades for the description and optimization of systems.

In contrast to the former tradition, which restricted the theoretical control and computer science to mathematicians, physicists and engineers, the present series emphasizes the interdisciplinarity which system science has reached until now, and which tends to expand. City and regional planners, psychologists, physiologists, economists, ecologists, food scientists, sociologists, political scientists, lawyers, pedagogues, philologists, managers, diplomats, military scientists and other specialists are increasingly confronted or even charged with problems of system science.

The ISR series will contain research reports — including PhD-theses — lecture notes, readers for lectures and proceedings of scientific symposia. The use of less expensive printing methods is provided to assure that the authors' results may be offered for discussion in the shortest time to a broad, interested community. In order to assure the reproducibility of the published results the coding lists of the used programs should be included in reports about computer simulation.

The international character of this series is intended to be accomplished by including reports in German, English and French, both from universities and research centers in the whole world. To assure this goal, the editors' board will be composed of representatives of the different countries and areas of interest.

Interdisziplinäre Systemforschung
Analyse — Formalisierung — Simulation

Die Systemwissenschaft hat sich aus der Verbindung mehrerer Wissenschaftszweige entwickelt: der Regelungs- und Steuerungstheorie, der Kommunikationswissenschaft, der Modelltheorie und der Informatik. Sie erfüllt heute das Programm, das Norbert Wiener mit seiner Definition von Kybernetik ursprünglich vorgelegt hat und dessen Durchführung zu seiner Zeit durch die noch ungenügend entwickelte Computerwissenschaft stark eingeschränkt war.

Die Forschung und die praktische Anwendung der Systemwissenschaft bezieht heute sowohl die Fachleute der Systemwissenschaft als auch die Spezialisten der Anwendungsgebiete ein. In vielen Bereichen hat sich diese Zusammenarbeit mittlerweile bewährt.

Die Reihe «Interdisziplinäre Systemforschung» setzt sich zum Ziel, dem Studenten, dem Theoretiker und dem Praktiker über den neuesten Stand aus Lehre und Forschung, aus der Anwendung und der metatheoretischen Kritik dieser Wissenschaft zu berichten.

Dieser Rahmen soll noch insofern erweitert werden, als die Reihe in ihren Publikationen die mathematischen Modellierungsverfahren mit einbezieht, die in verschiedensten Wissenschaften in vielen Jahrzehnten zur Beschreibung und Optimierung von Systemen erarbeitet wurden.

Entgegen der früheren Tradition, in der die theoretische Regelungs- und Computerwissenschaft auf den Kreis der Mathematiker, Physiker und Ingenieure beschränkt war, liegt die Betonung dieser Reihe auf der Interdisziplinarität, die die Systemwissenschaft mittlerweile erreicht hat und weiter anstrebt. Stadt- und Regionalplaner, Psychologen, Physiologen, Betriebswirte, Volkswirtschafter, Ökologen, Ernährungswissenschafter, Soziologen, Politologen, Juristen, Pädagogen, Manager, Diplomaten, Militärwissenschafter und andere Fachleute sehen sich zunehmend mit Aufgaben der Systemforschung konfrontiert oder sogar beauftragt.

Die ISR-Reihe wird Forschungsberichte — einschliesslich Dissertationen —, Vorlesungsskripten, Readers für Vorlesungen und Tagungsberichte enthalten. Die Verwendung wenig aufwendiger Herstellungsverfahren soll dazu dienen, die Ergebnisse der Autoren in kürzester Frist einer möglichst breiten, interessierten Öffentlichkeit zur Diskussion zu stellen. Um auch die Reproduzierbarkeit der Ergebnisse zu gewährleisten, werden in Berichten über Arbeiten mit dem Computer wenn immer möglich auch die Befehlslisten im Anhang mitgedruckt.

Der internationale Charakter der Reihe soll durch die Aufnahme von Arbeiten in Deutsch, Englisch und Französisch aus Hochschulen und Forschungszentren aus aller Welt verwirklicht werden. Dafür soll eine entsprechende Zusammensetzung des Herausgebergremiums sorgen.

Zielkonflikte bei der Standortwahl von großtechnischen Anlagen.
Ein mathematischer Lösungssatz und seine Anwendung in ökologisch-
ökonomischen Modellen.

Zur Erlangung des akademischen Grades eines
DOKTORS DER WIRTSCHAFTSWISSENSCHAFTEN

von der Fakultät für Wirtschaftswissenschaften der
Universität Fridericiana Karlsruhe (TH)

genehmigte

DISSERTATION

von

Günter Halbritter

Tag der mündlichen Prüfung: 20. Oktober 1977
Referent: Professor Dr. R. Funck
Korreferent: Privatdozent Dr. P. Jansen
Privatdozent Dr. R. Avenhaus

Vorwort

Diese Arbeit wurde am Institut für Angewandte Systemanalyse im Kernforschungszentrum Karlsruhe erstellt.

Herrn Professor Dr. R. Funck möchte ich besonders dafür danken, daß er mir ermöglichte, diese Arbeit durchzuführen. Mein Dank richtet sich in gleichem Maße an Herrn Dr. P. Jansen für die Betreuung der Arbeit in ihren verschiedenen Stufen. Danken möchte ich auch Herrn Dr. R. Avenhaus und Herrn Dr. G. Rembold für die kritischen Diskussionen und Anregungen bei der Fertigstellung der Arbeit. An dieser Stelle muß auch der Hilfsbereitschaft und der zuverlässigen Ausführung der Schreibarbeiten durch Frau C. Neu und Frau R. Tonk gedankt werden.

Zielkonflikte bei der Standortwahl von großtechnischen Anlagen.
Ein mathematischer Lösungssatz und seine Anwendung in ökologisch-
ökonomischen Modellen.

Zur Erlangung des akademischen Grades eines
DOKTORS DER WIRTSCHAFTSWISSENSCHAFTEN

von der Fakultät für Wirtschaftswissenschaften der
Universität Fridericiana Karlsruhe (TH)

genehmigte

D I S S E R T A T I O N

von

Günter Halbritter

Tag der mündlichen Prüfung: 20. Oktober 1977
Referent: Professor Dr. R. Funck
Korreferent: Privatdozent Dr. P. Jansen
Privatdozent Dr. R. Avenhaus

Vorwort

Diese Arbeit wurde am Institut für Angewandte Systemanalyse im Kernforschungszentrum Karlsruhe erstellt.

Herrn Professor Dr. R. Funck möchte ich besonders dafür
danken, daß er mir ermöglichte, diese Arbeit durchzuführen. Mein Dank richtet sich in gleichem Maße an Herrn
Dr. P. Jansen für die Betreuung der Arbeit in ihren verschiedenen Stufen. Danken möchte ich auch Herrn Dr. R.
Avenhaus und Herrn Dr. G. Rembold für die kritischen
Diskussionen und Anregungen bei der Fertigstellung der
Arbeit. An dieser Stelle muß auch der Hilfsbereitschaft
und der zuverlässigen Ausführung der Schreibarbeiten
durch Frau C. Neu und Frau R. Tonk gedankt werden.

ISR 62

Interdisciplinary Systems Research
Interdisziplinäre Systemforschung

Günter Halbritter

Multidimensionale Optimierung bei der Standortwahl von grosstechnischen Anlagen

Lösung ökonomisch-ökologischer Zielkonflikte mit einem spieltheoretischen Verfahren

1979 Springer Basel AG

CIP-Kurztitelaufnahme der Deutschen Bibliothek

Halbritter, Günter:
Multidimensionale Optimierung bei der Standortwahl von grosstechnischen Anlagen: Lösung
ökonom.-ökolog. Zielkonflikte mit e. spiel-
theoret. Verfahren / Günter Halbritter. —
Basel, Stuttgart: Birkhäuser, 1979
  (Interdisciplinary systems research; 62)

ISBN 978-3-7643-1055-4   ISBN 978-3-0348-5282-1 (eBook)
DOI 10.1007/978-3-0348-5282-1

Nachdruck verboten.
Alle Rechte, insbesondere das der Übersetzung in fremde Sprachen und
der Reproduktion auf photostatischem Wege oder durch Mikrofilm,
vorbehalten.

© Springer Basel AG 1979

Ursprünglich erschienen bei Birkhäuser Verlag Basel, 1979.

Kurzfassung

Am Beispiel des weithin ebenso akuten wie offensichtlichen Zielkonfliktes zwischen Industriealisierung einer Region einerseits und der Erhaltung von ökologischen Qualitäten eben dieses geographischen Raumes andererseits wird ein systemanalytischer Ansatz und dessen Leistungsfähigkeit dargestellt. Das zu lösende Problem ist die Bestimmung geeigneter Standorte und Betriebsweisen für großtechnische Anlagen, speziell der Energieerzeugung, von denen Belastungen für ihre natürliche Umwelt zu erwarten sind. Hauptmerkmal des gewählten systemanalytischen Ansatzes ist die Kopplung einer Methode zur Findung von Kompromißlösungen bei unterschiedlichen Zielvorstellungen mit der Methode der atmosphärischen Ausbreitungsrechnung. Es werden Optimierungsalgorithmen der "Multidimensionalen" oder "Vektoriellen Optimierung" erläutert, die Paretooptimale Lösungen d.h. Kompromißlösungen ergeben. Mit diesen Verfahren, für die Rechenprogramme entwickelt wurden, ist es möglich, weitgehend verschiedene Zielvorstellungen zu berücksichtigen, d.h. divergierende Interessen zu einem Ausgleich zu bringen. Die lineare Programmierung erfährt hierdurch eine Erweiterung ihres Anwendungsfeldes. Die bekannten analytischen Vorgehensweisen zur Bestimmung von optimalen Standorten für Industrieanlagen sind in einer Weise ergänzt worden, wie es angesichts der gegenwärtigen Diskussion über den Schutz der Umwelt erforderlich erscheint.

Es wird ein Modell vorgestellt, das für die Region "Nördlicher Oberrhein" Standorte und Betriebsweisen von fossil befeuerten Kraftwerken und Heizkraftwerken errechnet, die folgenden Forderungen entsprechen:

1. Die Umweltgütestandards müssen an allen Orten der Region eingehalten werden.
2. Mindestanforderungen der Energieversorgung innerhalb der Region müssen erfüllt werden.
3. Es soll ein bestmöglicher Gesundheitsschutz der betroffenen Bevölkerung erreicht werden (minimale Kollektivbelastung).
4. Für die Standortverteilung sollen sich minimale Investitions- und Betriebskosten ergeben.

In dem vorgestellten Modell werden Forderungen 1. und 2. als Restriktionen berücksichtigt, während Forderungen 3. und 4. in die Zielfunktionen eingehen. Der zwischen Forderung 3. und 4. bestehende Zielkonflikt wird als vektorwertiges Optimierungsproblem behandelt. Leitsubstanz zur Bezeichnung der Umweltgüte ist Schwefeldioxid.

Mit einer 1. Modifikation des Rechenmodells werden kostenoptimale Standorte und Betriebsweisen von Kraftwerken und Heizkraftwerken bei Einhaltung der genannten Restriktionen errechnet. Die erhaltenen Ergebnisse zeigen, daß für die betrachtete Region eine wesentliche Erhöhung der Umweltgüte durch günstigere Standortwahl der Anlagen bei der nur geringen Kostenerhöhung von weniger als 5% erreicht werden kann. Erst eine Erhöhung der Umweltgüte bis zum Standard eines Reinluftgebietes führt zu sehr kostenungünstigen Lösungen.

Die Rechnungen mit verschiedenen Zielfunktionen (Forderung 3. und 4.) ergeben sehr unterschiedliche Standortverteilungen. Zu der Kontroverse über den Stellenwert von Zielfunktion und Nebenbedingungen in Planungsmodellen (Optimierungsmodellen) kann damit gesagt werden, daß die alleinige Berücksichtigung von Umweltforderungen im System der Nebenbedingungen zumindest außerhalb von Ballungsgebieten noch keine umweltorientierte Planung ergibt, da die Nebenbedingungen erst bei sehr großer Anlagendichte restriktiv wirken. Für Standortplanungen ist es daher notwendig, Umweltzielvorstellungen als Zielfunktionen von Planungsmodellen zu berücksichtigen.

Die Rechnungen mit vektorwertigen Zielfunktionen zeigen, daß die erhaltenen Pareto-optimalen Lösungen für praktische Probleme nicht immer befriedigend sind. Es ist daher notwendig, geeignete Verfahren zur Errechnung von Kompromißlösungen auszuwählen, die exogenen Anforderungen, z.B. bezüglich Gleichrangigkeit der Zielerreichungsgrade, genügen. Das angewandte Verfahren-Maximierung eines gemeinsamen Zielerreichungsgrades für alle Ziele- kann als solches angesehen werden.

Inhalt

1.	Einleitung	1
2.	Das zu lösende Problem: Standortwahl für umweltbelastende Industrieanlagen	4
2.1	Zur Umweltproblematik	4
2.2	Modelle zur Lösung von regionalen ökologisch-ökonomischen Planungsproblemen(Umweltplanungsmodelle)	11
2.3	Forderungen an ein Umweltplanungsmodell	16
3.	Der gewählte systemanalytische Ansatz	28
3.1	Algorithmus zur Findung von Kompromißlösungen bei unterschiedlichen Zielvorstellungen - Methode der vektorwertigen Optimierung	29
3.1.1	Allgemeine Darstellung	29
3.1.2	Formale Darstellung des Vektormaximumproblems	31
3.1.3	Lösungsansätze für das Vektormaximumproblem	34
3.1.3.1	Modellansatz JÜTTLER/KÜRTH für den allgemeinen Fall nichtlinearer Zielfunktionen	34
3.1.3.2	Modell JÜTTLER/KÜRTH für lineare Zielfunktionen	38
3.1.3.3	Modell ALLGAIER für lineare Zielfunktionen	43
3.2	Anwendung der vektorwertigen Optimierung auf Probleme der Standortbeurteilung	47
3.2.1	Modell Kostenminimierung (1. Modell)	48
3.2.2	Modell minimale Bevölkerungsbelastung (2. Modell)	51
3.2.3	Modell Belastungsgleichverteilung (3. Modell)	53
3.2.4	Modell zur Errechnung von Kompromißlösungen	55
4.	Methodik zur Erstellung der Umwelttransfermatrix	59
4.1	Theoretische Beschreibung von turbulenten Ausbreitungsvorgängen	60
4.2	Modell zur Errechnung von lokalen Immissionsverteilungen	68

5.	Beispielhafte Modellrechnungen	76
5.1	Ergebnisse der atmosphärischen Ausbreitungsrechnungen	77
5.1.1	Modellregion und Ausgangsdaten	77
5.1.2	Errechnung der gegenwärtigen SO_2-Immission	82
5.1.3	Simulation von Handlungsalternativen	89
5.1.4	Sensitivitätsanalyse für die in das Ausbreitungsmodell eingehenden Parameter	93
5.2	Ergebnisse des Umweltplanungsmodells zur Errechnung kostengünstigster Lösungen	100
5.2.1	Modell, Modellregion und Ausgangsdaten	100
5.2.1.1	Modell	100
5.2.1.2	Modellregion	107
5.2.1.3	Kostenannahmen	110
5.2.2	Ergebnisse für Standortverteilungen und Betriebsweisen	117
5.2.3	Ergebnis einer Kostenanalyse für verschärfte Umweltqualitätsnormen	123
5.3	Ergebnisse des Umweltplanungsmodells zur Errechnung von Kompromißlösungen für Standorte	125
5.3.1	Gesamtmodell zur Errechnung bester Kompromißlösungen für Standorte	125
5.3.2	Modellregion	133
5.3.3	Aufbau der Skalierung	136
5.3.4	Ergebnisse für Standortverteilungen	142
5.3.5	Vergleich der erhaltenen Ergebnisse	144
5.3.6	Maximales Umweltpotential der Region	148
6.	Möglichkeiten und Grenzen quantitativer Modellrechnungen bei regionalen Planungsproblemen	150
6.1	Zur Leistungsfähigkeit des gewählten Ansatzes	150
6.2	Zur Leistungsfähigkeit von Planungsmodellen allgemein	157
	Anhang	

1. Einleitung

Am Beispiel des weithin ebenso akuten wie offensichtlichen Zielkonfliktes zwischen Industrialisierung einer Region einerseits und der Erhaltung von ökologischen Qualitäten eben dieses geographischen Raumes andererseits wird ein systemanalytischer Ansatz und dessen Leistungsfähigkeit dargestellt. Demgemäß sind die folgenden Ausführungen methodenorientiert; die erhaltenen Ergebnisse (Kapitel 5) dienen im wesentlichen dem Nachweis plausibler Rechenresultate.

Im 2. Kapitel wird das zu lösende Problem erläutert: die Standortwahl für großtechnische Anlagen, von denen Belastungen für ihre natürliche Umwelt zu erwarten sind. Bei einer solchen Wahl sind technologische, ökonomische, ökologische und schließlich auch ästhetische Gesichtspunkte zu berücksichtigen, die als Kriterien so eindeutig wie möglich zu definieren und gegeneinander zu gewichten sind. Einer Skizzierung der Umweltproblematik folgt die kritische Darstellung einiger vorhandener "Umweltplanungsmodelle". Es werden dann Forderungen für das zu entwickelnde Modell zusammengestellt. Weiterhin folgt ein Aufriß über die Leistungsfähigkeit von Modellen zur Vorbereitung von Entscheidungen. Es werden Voraussetzungen und Möglichkeiten der Anwendung dieser Modelle aufgezeigt.

Im 3. Kapitel wird der gewählte systemanalytische Ansatz vorgestellt. Hauptmerkmal dieses Ansatzes ist die Kopplung einer Methode zur Findung von Kompromißlösungen bei unterschiedlichen Zielvorstellungen mit der Methode der atmosphärischen Ausbreitungsrechnung. Bezüglich der Kompromißlösungen werden Optimierungsalgorithmen erläutert, die als "Vektorielle Optimierung" zu bezeichnen sind, weil sie - anstelle der üblichen zu maximierenden oder minimierenden Zielfunktion - den Problemlösungsraum nach Rechenvorschriften behandeln, die zu pareto-optimalen Lösungen d.h. Kompromißlösungen führen. Mit diesen Verfahren, für die Computerprogramme entwickelt wurden, ist es möglich, weitgehend verschiedene Zielvorstellungen zu berücksichtigen, d.h. divergierende Interessen zu einem Ausgleich zu bringen. Um solche Kompromißlösungen zu erhalten, wurden die folgenden

Verfahren gewählt: (1) Maximierung der Summe der Zielerreichungsgrade der Einzelziele und (2) Maximierung eines gemeinsamen Mindestzielerreichungsgrades für alle Ziele. An Hand von Skalierungsbetrachtungen wird gezeigt, daß für die vorliegende praktische Problemstellung Verfahren (2) zu geeigneteren Kompromißlösungen führt. Die bekannten analytischen Vorgehensweisen zur Bestimmung von optimalen Standorten für Industrieanlagen können damit dahingehend ergänzt werden, daß auch Zielvorstellungen des Umweltschutzes berücksichtigt werden.

Umweltbeeinflussungen geschehen immer durch Immissionen d. h. lokale Schadstoffkonzentrationen in einer Region. Der gewählte Ansatz trägt dieser Tatsache durch eine sog. Umwelttransfermatrix Rechnung, die den Zusammenhang Emission-Immission beschreibt. Im 4. Kapitel wird die Methodik zur Erstellung dieser Umwelttransfermatrix behandelt. Die Elemente dieser Matrix beschreiben den Einfluß einer Emission an einem Quellpunkt auf die Immission an einem Aufpunkt. Dieser Zusammenhang wird mit Hilfe eines atmosphärischen Ausbreitungsmodells berechnet. Es wird die theoretische Beschreibung von turbulenten Ausbreitungsvorgängen behandelt und anschließend wird ein Modell für die Errechnung von lokalen Immissionsverteilungen vorgestellt.

Im 5. Kapitel werden Ergebnisse von Modellrechnungen präsentiert. Es werden Ergebnisse der atmosphärischen Ausbreitungsrechnungen dargestellt, die den Istzustand der Immission in der Region "Nördlicher Oberrhein" beschreiben. Darüber hinaus werden die Auswirkungen verschiedener Alternativplanungen aufgezeigt. Es werden dann Ergebnisse für Standortverteilungen und Betriebsweisen von energieerzeugenden Anlagen beschrieben, die kostenoptimale Lösungen bei Einhaltung bestimmter Umweltstandards darstellen. Bei den Betriebsweisen wird vom Brennstoffeinsatz mit unterschiedlichem Schwefelgehalt, sowie von der eventuellen Installation von Rauchgasentschwefelungsanlagen ausgegangen. Von besonderem Interesse sind dabei die Ergebnisse von Sensitivitätsanalysen d. h. der Untersuchung der Ergebnisse bei Parametervariationen; diese Variationen werden für die Brennstoffentschwefelungskosten und die Umweltstandards durchgeführt. Es folgen dann Ergebnisse für die Standortverteilungen großtechnischer Anlagen, die mögliche Kompromisse

zwischen unterschiedlichen Zielvorstellungen darstellen. Ein Ergebnisvergleich der beiden Verfahren zur Errechnung von Kompromißlösungen -
(1) Maximierung der Summe der Zielerreichungsgrade der Einzelziele und
(2) Maximierung eines gemeinsamen Mindestzielerreichungsgrades für alle Ziele - bestätigt die Aussage aus Kap. 3, daß für die vorliegende Problemstellung der Standortwahl von Industrieanlagen Verfahren (2) zu geeigneteren Kompromißlösungen führt. Weiterhin wird eine Kostenanalyse für verschärfte Umweltqualitätsnormen durchgeführt.

Im 6. Kapitel werden die Aussage- und Einsatzmöglichkeiten des behandelten Verfahrens dargelegt. Es wird die Leistungsfähigkeit der entwickelten Methodik zur Lösung von praktischen Problemen untersucht und darüber hinaus werden allgemeine Planungshinweise gegeben, die aus den Rechenergebnissen ableitbar sind.

2. Das zu lösende Problem: Standortwahl für umweltbelastende Anlagen

2.1 Zur Umweltproblematik

Die Planung großtechnischer Anlagen orientiert sich bisher fast ausschließlich an ökonomischen Kriterien, wie z.B. möglicher Absatzmarkt, vorhandener Arbeitsmarkt, Transportwege und Transportkosten. Da sich diese Kriterien meist leicht quantifizieren und häufig sogar in monetären Größen ausdrücken lassen, ist der Einsatz von Planungsmodellen möglich, die die Errechnung quantitativ feststellbarer Optima gestatten. Die entwickelten Operation-Research-Modelle kennzeichnen diesen Tatbestand. Diese einseitig "ökonomisch orientierte" Planung ergab unter anderem die hohen Wachstumsraten des Bruttosozialprodukts in den 50-er und 60-er Jahren. Diese Entwicklung war jedoch begleitet von sog. externen Effekten d.h. Nebenwirkungen des Wirtschaftsprozesses, die nicht am Markt bewertet wurden, wie z.B. Schadstoffemissionen in die Atmosphäre und die Gewässer, Belästigungen durch Lärm und Zersiedlung der Landschaft. Diese externen Effekte treten immer stärker in das öffentliche Bewußtsein und waren damit Anlaß zu der Mitte der 60er Jahre beginnenden Umweltdebatte. Häufig ergeben Kosten zur Beseitigung von Schäden, die durch negative externe Effekte verursacht werden, sogar noch Zuwächse in den Sozialproduktgrößen, ein Beispiel hierfür sind die Kosten zur Beseitigung der Verkehrsunfallfolgen. Die Sozialproduktrechnung wurde damit als Indikator für gesamtgesellschaftliche Wohlfahrt fragwürdig. Die externen Effekte bewirken ein Auseinanderklaffen von privatwirtschaftlichen und gesamtwirtschaftlichen Erlösrechnungen mit der Folge, daß das marktwirtschaftliche Preissystem die Knappheiten der Güter und Faktoren verzerrt widerspiegelt. Die Erfassung externer Effekte ist noch dadurch erschwert, daß ihre Wirkungen häufig nicht zum Zeitpunkt der Verursachung auftreten, sondern erst in späteren Perioden zu erkennen sind (interperiodische externe Effekte). Um das marktwirtschaftliche Rechnungssystem wieder funktionsfähig zu machen, wird daher die Forderung nach Internalisierung der externen Effekte erhoben. So verlangt die von der Bundesregierung berufene Kommission für wirtschaftlichen und sozialen Wandel staatliche Eingriffe: "Analog den Störungen des Marktsystems durch monopolistische Elemente machen deshalb auch externe Effekte ein staatliches

Eingreifen notwendig, um die Funktionsfähigkeit des marktwirtschaftlichen Systems zu sichern" /LITTMANN (1974), S.77/. Eine solche Forderung nach ordnungspolitischen Eingriffen führt dann zur Frage nach den Instrumenten, die eine Internalisierung der externen Effekte leisten. Diese können entweder Gebote und Verbote sein, die den Verursacher zur Einstellung der externen Schädigungen zwingen, oder Regelungen, die die Anlastung der durch externe Effekte entstehenden Kosten, der sog. sozialen Zusatzkosten, nach dem Verursacherprinzip vorsehen. Private Kosten der einzelnen Wirtschaftseinheiten (privatwirtschaftliche Kosten) und die aufgrund der Umweltbelastungen entstehenden sozialen Zusatzkosten ergeben als Summe die volkswirtschaftlichen Kosten. Es muß dabei darauf hingewiesen werden, daß das Problem der volkswirtschaftlichen Kosten und insbesondere der sozialen Zusatzkosten mit einer Vielzahl unterschiedlicher Bezeichnungen beschrieben wird /LAUSCHMANN (1959), S. 200 ff./. Das Verursacherprinzip sieht vor, daß jeder, der die Umwelt belastet oder schädigt, für die Kosten dieser Belastung oder Schädigung aufzukommen hat. Die Kostenzurechnung nach dem Verursacherprinzip wird als marktkonforme Lösung des Problems der externen Effekte angesehen /Zur Problematik des Verursacherprinzips (1972), S. 30/. Das Verursacherprinzip ist die Richtlinie für die Umweltpolitik der Bundesregierung. Dies findet seinen Ausdruck in der bisherigen Umweltschutzgesetzgebung, wie dem Bundesimmissionsschutzgesetz und dem Wasserabgabengesetz. Die besondere Problematik bei der Verwirklichung des Verursacherprinzips ergibt sich aus der Notwendigkeit die durch externe Effekte verursachten materiellen und immateriellen Schäden zu erfassen und zu quantifizieren /Zur Problematik des Verursacherprinzips (1972), S.36/. Im Idealfall sollte eine monetäre Bewertung eingetretener bzw. zu erwartender Schäden durchgeführt werden. Das Ergebnis dieser Bewertung sollte dann für die zu leistende Abgabenhöhe bestimmend sein. Abgesehen von der Schwierigkeit der monetären Quantifizierung aufgetretener Schäden ist die Zurechnung der Schäden zu den einzelnen Verursachern meist nicht ohne weiteres möglich /BOCKELMANN (1974), S.108/. Alternative Konzepte, die die Abgabenhöhe an den Vermeidungskosten für Umweltbelastungen bemessen wollen, um somit Anreiz zur Installation von Umweltschutztechniken zu geben, können nur eine vorläufige Maßnahme darstellen, da für viele Umwelteinwirkungen gar keine Vermeidungstechnologien möglich sind. Darüber hinaus werden bei der Abgabenfestsetzung auch immer regionale Unterschiede zu beachten sein, da industrielle Ballungsräume sich kaum an für Erholungsgebiete geltenden Normen orientieren können.

Bezüglich der Ursache der sozialen Zusatzkosten bestehen unterschiedliche Auffassungen. Einmal wird es als Tatsache angesehen, daß es in jeder gesellschaftlichen Wirtschaft zur Entstehung von sozialen Zusatzkosten kommen muß. Diese Kosten können jedoch, je nach der geltenden rechtlichen und politischen Ordnung unterschiedliche Wirkungen haben /LAUSCHMANN (1959), S.217/. Abweichend davon sieht BOCKELMANN die Ursachen der sozialen Zusatzkosten in ökonomischen Rationalitäts- und Effizienzkriterien und nicht als Folgeerscheinung allgemeiner gesellschaftlicher Entwicklungen /BOCKELMANN (1974), S.104/. Seine Thesen lauten:

"1. Die Dominanz wirtschaftlicher Effizienzkriterien in gesellschaftlichen Entscheidungssituationen bewirkt, daß soziale Kosten (gemeint soziale Zusatzkosten, der Verf.) nicht als Randphänomen, sondern als typische Folge einzelwirtschaftlicher Produktion und Distribution auftreten.

2. Das Verursacherprinzip ist als Umweltkontrollstrategie nur bedingt geeignet, da primär eine nachträgliche marktkonforme Internalisierung der sozialen Kosten (gemeint sozialen Zusatzkosten, der Verf.) angestrebt wird, während Struktureigenschaften der natürlichen und sozialen Umwelt eine Vermeidungsstrategie erfordern."

Empirische Daten über Umweltschäden in sozialistischen Staaten können damit lediglich nachweisen, daß auch dort die Umwelt gefährdet ist. Die eigentlichen Ursachen der sozialen Zusatzkosten können jedoch jeweils nur aus der spezifischen sozio-ökonomischen Organisationsstruktur abgeleitet werden.

In Expertengesprächen des Bundesministeriums des Innern wurde daher, in der Erkenntnis der Schwierigkeiten bei der Realisierung des Verursacherprinzips, gefordert: "Die formale Definition (des Verursacherprinzips) ist ..... nicht ausreichend, die Definition muß zum instrumentell verstandenen Verursacherprinzip fortentwickelt werden, das dem politischen Ziel der Durchsetzung von Umweltgüte dient" /Zur Problematik des Verursacherprinzips (1972), S.46/. Als ein solches Instrument zur Erreichung von Umweltgüte wurde die Umweltverträglichkeitsprüfung für alle größeren umweltrelevanten Vorhaben vorgeschlagen /BMI-Bericht (1973), S.69/. Diese Umweltverträglichkeitsprüfung soll auf verschiedenen administrativen Ebenen, von der Gesetzgebung bis zur Einzelgenehmigung, durchgeführt werden.

Folgende Problemkette stellt einen Orientierungsrahmen für die Umweltverträglichkeitsprüfung bei der Planung umweltbelastender Industrieanlagen dar.

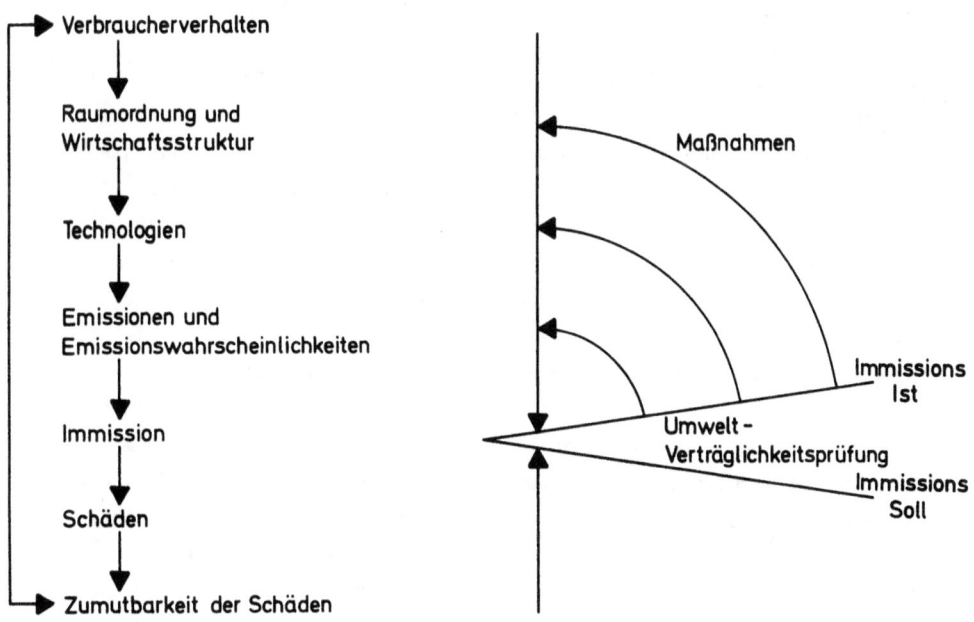

Diese Problemkette zeigt die Zusammenhänge, die die Umweltproblematik kennzeichnen und darüber hinaus die Einsatzmöglichkeit der Umweltverträglichkeitsprüfung. Aufgabe der Umweltverträglichkeitsprüfung ist es zu prüfen, ob

Immissions-Soll und -Ist in Einklang zu bringen sind. Unter Immissionen versteht man hierbei die sich aus den Emissionen an bestimmten Orten einer Region ergebenden Schadstoffkonzentrationen. Für eine systematische Prüfung der Umweltverträglichkeit von umweltbelastenden Industrieanlagen sind drei Bereiche von Bedeutung:

1.) Die materiellen Maßstäbe (Kriterien) müssen erstellt werden.

2.) Eine Methode des Prüfungsablaufs muß entwickelt werden.

3.) Organisatorische Regelungen müssen getroffen werden.

Der Bewertungsschritt setzt das Vorliegen von Bewertungskriterien voraus. Bei diesen Kriterien handelt es sich meist nicht um objektive, wissenschaftlich bestimmbare Größen, sondern um politische Zielvorstellungen. Am Beispiel der Umweltqualitätsnormen wird dies noch näher beschrieben werden. Bei konkreten Planungen in einer Region stellen die vorliegenden Umweltqualitätsstandards, sowie die ökonomischen Anforderungen an eine Region, z.B. Versorgung der Verbrauchszentren mit Strom und Wärme, ein Rahmenkonzept für diesen Bewertungsschritt dar. Im Idealfall ist eine Orientierung an einer durch die Raum- bzw. Regionalplanung vorgegebenen Funktionszuweisung für Teilbereiche der Region, wie z.B. als Siedlungsraum, als Industriegebiet, als Freizeit- bzw. ökologischer Ausgleichsraum möglich. Die regionale Betrachtungsweise ist notwendig, da die Regionen durchaus unterschiedliche "ökologische Leistungsfähigkeiten", wie Abtransport- und Umwandlungsfähigkeit für Schadstoffe besitzen, sowie unterschiedliche soziale und wirtschaftliche Beiträge zu liefern in der Lage sind. Dieses Rahmenkonzept bestimmt den möglichen politischen Handlungsraum für Investitionsentscheidungen innerhalb einer Region.

Bei dem methodischen Prüfungsablauf können mathematische Entscheidungsmodelle wichtige Entscheidungshilfen geben. Eine formalisierte Darstellungsweise der Gesamtproblematik kann von Bedeutung sein, um einerseits eine komplexe Struktur übersichtlich und durchschaubar erfassen zu können, sowie andererseits die Voraussetzungen für die Quantifizierung zu sichern. Bereits entwickelte Simulationsmodelle, insbesondere Ausbreitungsmodelle, sowie auch Optimierungsmodelle können hierbei eingesetzt werden. So leisten die Ausbreitungsmodelle, die die Errechnung der Immissionsverteilung in einer

Region aus den Emissionen gestatten, mit der Ermittlung des Immissions-Ist einen wesentlichen Teilschritt der Umweltverträglichkeitsprüfung. Darüber hinaus gilt es, Modelle zu entwickeln, die bei dem nachfolgenden Bewertungsschritt - Ermittlung des Immissionssolls einer Region - Entscheidungshilfe leisten.

Die organisatorischen Regelungen müssen festlegen, mit welchen Maßnahmen der Überbelastung des Naturhaushaltes begegnet werden kann, und welche Institutionen über diese Maßnahmen beraten und entscheiden. Die möglichen Maßnahmen werden in der Problemkette aufgezeigt; es sind dies im einzelnen:

- Maßnahmen im technischen Bereich, insbesondere Emissionsauflagen und technische Auflagen im Genehmigungsverfahren, z. B. für Kläranlagen Luftfilter usw.

- Maßnahmen im technologischen Bereich; hierbei wird es sich hauptsächlich um längerfristige Förderungsmaßnahmen für die Forschung und Entwicklung umweltfreundlicher Technologien handeln.

- Maßnahmen der Raumplanung, insbesondere Festlegung verbindlicher und überfachlicher Ziele für die Gesamtentwicklung einer Region in Programmen und Plänen, Koordinierung aller raumbedeutsamen Planungen und Maßnahmen auf diese Ziele, Untersagung raumordnungswidriger Maßnahmen.

- Maßnahmen, die das Verbraucherverhalten beeinflussen; neben allgemeinen Verbraucherinformationen wird es sich hierbei hauptsächlich um legislative Maßnahmen handeln.

Bei konkreten Planungen umweltbelastender Industrieanlagen in einer Region werden im wesentlichen Maßnahmen des technischen Bereichs, sowie Maßnahmen der Raumplanung von Bedeutung sein.

Eine solche Prüfung der Umweltverträglichkeit für umweltrelevante Planungsmaßnahmen wird sich meist vor dem Hintergrund des Zielkonfliktes zwischen ökonomischen, ökologischen und raumordnungspolitischen Forderungen vollziehen. Dieser Konflikt ist in unterschiedlichen gesetzgeberischen Forderungen z.B. des Energiewirtschaftsgesetzes (EWG) und des Raumordnungsgesetzes (ROG) bereits festgelegt /BOCKELMANN (1974), S.80/. Für das ROG mit seinen allgemeinverbindlichen und unpräzise ausgelegten Forderungen besteht dabei von voneherein die Gefahr des Vollzugsdefizits. Weiterhin sind die Möglichkeiten, mit Hilfe des ROG raumwirksame Entscheidungen durchzuführen, noch dadurch beschränkt, daß eine Vielzahl von Unternehmen durch ihren privatrechtlichen Status nicht Adressat des ROG ist /BOCKELMANN (1974), S.81/. Eine formalisierte Umweltverträglichkeitsprüfung, die über die bisherige einzelbetriebliche Genehmigungspraxis des Immissionsschutz- und des Atomgesetzes hinaus, von ökonomischen, ökologischen und raumordnungspolitischen Ansprüchen einer Gesamtregion ausgeht, würde daher ein leistungsfähiges Planungsinstrumentarium darstellen.

2.2 Modelle zur Lösung von regionalen ökologisch-ökonomischen Planungsproblemen (Umweltplanungsmodelle)

Die meisten bisher entwickelten Modelle zur Lösung regionaler ökologisch-ökonomischer Planungsprobleme (Umweltplanungsmodelle) sind Modifikationen rein ökonomischer Planungsmodelle, insbesondere von ökonomischen Optimierungsmodellen, die kostengünstigste Strategien z. B. für Produktionsabläufe, Lagerhaltung oder Transportwege errechnen. Die daraus abgeleiteten Umweltplanungsmodelle optimieren meist ebenfalls monetäre Größen bei gleichzeitiger Berücksichtigung von Nebenbedingungen. Im Unterschied zu rein ökonomischen Planungsmodellen werden bei Umweltplanungsmodellen auch Nebenbedingungen festgelegt, die die Umweltgüte kennzeichnen, darüber hinaus werden bei den Gesamtkosten häufig auch die Kosten von Umweltbelastungen bzw. Umweltschäden berücksichtigt. Die bisher entwickelten Umweltplanungsmodelle unterscheiden sich dabei

- im Detaillierungsgrad der ökonomischen Verflechtung in einer Region,
- im Detaillierungsgrad bei der Berücksichtigung der einzelbetrieblichen Umweltschutztechnologie,
- in der Berücksichtigung nur der Emissionen von Schadstoffen oder auch der Immissionen und
- in der Berücksichtigung der Kosten zur Vermeidung von Umweltschäden oder der gesamtvolkswirtschaftlichen Kosten.

Diese Unterscheidungsmerkmale zeigen, daß Umweltplanungsmodelle im Hinblick auf ganz unterschiedliche Fragestellungen konzipiert werden; diese Fragestellungen können einmal mehr im Hinblick auf die Realisierung raumplanerischer Konzepte in einer Region gerichtet sein oder mehr im Hinblick auf Realisierung der "günstigsten" Umweltschutztechnologie für Einzelbetriebe.

Aus der Menge der bisher entwickelten Umweltplanungsmodelle sollen einige unterschiedliche Modellansätze vorgestellt werden. Dies sind die Modelle von

- THOSS
- DÖLLEKES
- RUSSELL
- GUSTAFSON

In dem "Integrierten Optimierungsmodell zur Planung des Umweltschutzes" /THOSS (1974), S.3ff./ wird die Einhaltung maximaler Emissionsmessungen für verschiedene Schadstoffe unter besonderer Berücksichtigung der wirtschaftlichen Aktivitäten und Verflechtungen innerhalb einer Region betrachtet. Die Verflechtungen werden durch eine Input-Output-Matrix beschrieben, die für jeden Sektor zeigt, auf welche anderen Sektoren die Produkte dieses Sektors verteilt werden. Weiterhin werden die Anteile jedes Sektors zum privaten und zum staatlichen Konsum, zu den Investitionen und zum Export aufgezeigt. Diese Kopplung der Sektoren bzw. der sonstigen Bereiche wird in Geldeinheiten ausgedrückt. Diesem klassischen ökonomischen Verflechtungsschema werden darüber hinaus für jeden Sektor noch spezifische Energieverbräuche und Schadstoffemissionen zugeordnet. Das Gesamtmodell besteht aus mehreren Submodellen, die einzelne Teilprobleme zunächst getrennt voneinander behandeln, z. B. Probleme der Flächennutzung, des Abwassers oder der Abgase. Das Gesamtmodell ergibt sich aus den einzelnen Teilmodellen dadurch, daß ein Teil der Variablen (Aktivitäten) in allen Submodellen vorkommt. Die Lösung eines Partialmodells führt nur zu Lösungsvorschlägen unter Berücksichtigung eines einzigen Umweltaspekts. Eine simultane Lösung des Gesamtsystems ist jedoch auch vorgesehen. Es wird jeweils ein lineares Optimierungsproblem gelöst, in dem die wirtschaftlichen Aktivitäten, alternative Produktionsprozesse und Energieträger, sowie spezielle Umweltschutzmaßnahmen so bestimmt werden, daß die ökonomischen und ökologischen Restriktionen erfüllt werden und dabei die Wertschöpfung der Sektoren maximal ist.

Bei dem "Multisektoralen Energie- und Umweltplanungsmodell" von DÜLLEKES /DÜLLEKES (1975), S. 207ff./ handelt es sich im wesentlichen um ein Partialmodell des Gesamtmodells von THOSS, mit dem die Auswirkungen verschiedener energiepolitischer Strategien untersucht werden können. Die Energieerzeugungssektoren wurden disaggregiert; insgesamt werden 34 Energieträger betrachtet. Fragestellungen nach der optimalen Mischung der Wirtschaftsbranchen und der Energieträger für eine Region unter fixierten Bedingungen können damit beantwortet werden; dabei sind auch Prozeßsubstitutionen für die Energieerzeugung vorgesehen. Optimalitätskriterium ist wiederum die Maximierung der Gesamteinkommen in einer Region. DÜLLEKES weist auf die besondere Bedeutung der Ergebnisse des Dualansatzes hin, die eine eindeutige Bewertung der nur beschränkt vorhandenen Ressourcen bzw. der politischen

Zielsetzungen und Normen in Form der bekannten Opportunitätskosten oder Schattenpreise ermöglichen. Diese Opportunitätskosten geben den Grenznutzen bzw. die Grenzkosten einer Änderung im System an.

Sowohl das Modell von THOSS als auch das von DÜLLEKES wurden bisher nur als theoretisches Konzept vorgestellt, Ergebnisse von Rechenläufen liegen noch nicht vor. Planungsmodelle auf der Basis von Input-Output-Tabellen gestatten Aussagen über die Auswirkungen unterschiedlicher umweltpolitischer Maßnahmen auf die Volkswirtschaft, sowie über die Auswirkungen verschiedener Endnachfragevektoren auf die Emissionsmengen verschiedener Schadstoffe, die Einsatzmöglichkeiten für regionale Planungsprobleme sind jedoch noch umstritten. Wesentliche Aspekte des regionalen Umweltproblems gehen verloren, wenn man auf der Grundlage einer groben Sektoreneinteilung der Volkswirtschaft und nicht auf Unternehmensbasis arbeitet. RUSSELL faßt seine Kritik an diesen Modellansätzen wie folgt zusammen /RUSSELL (1973), S.70/:

1.) Der räumliche Aspekt der natürlichen Umwelt wird nicht berücksichtigt.

2.) Informationen über die Entstehung von Emissionen, die auf einer groben Sektoreneinteilung basieren, sind im allgemeinen nicht aussagekräftig. Die Unternehmen innerhalb der einzelnen Sektoren sind zu unterschiedlich in der Art ihrer Inputs, Produktionsprozesse und Produkte.

3.) Wenn bereits die Emissionserzeugungskoeffizienten für die einzelnen Sektoren von begrenzter Aussagefähigkeit sind, dann sind die Kosten für die Emissionsverminderung mit noch größeren Ungenauigkeiten verbunden.

Am Institut Resources for the Future /RUSSELL (1972), S.126ff./ wurde das bisher umfassendste Umweltplanungsmodell erarbeitet. Es handelt sich wiederum um ein Optimierungsmodell, das jedoch von einzelnen Produktionsanlagen ausgeht, deren Emissionen betrachtet, daraus die Immissionen berechnet und diese mit exogen vorgegebenen Standards vergleicht oder mit Hilfe von Schadensfunktionen bewertet. Besondere Merkmale sind dabei:

(1) Die simultane Behandlung von Luft- Wasser- und Müllproblemen.

(2) Die Berücksichtigung nicht nur der Kosten für Rückständebehandlung oder -beseitigung, sondern auch von Wahlmöglichkeiten für abnehmende Schmutzentstehung durch Inputsubstitution (schwefelarme anstatt schwefelreiche Verbrennung), für Prozeßänderungen und für Koppelproduktion.

(3) Berücksichtigung der Verteilung der Kosten und Nutzen alternativer Umweltschutzstrategien auf die Betroffenen.

Das Modell ist so konzipiert, daß nicht nur lineare sondern auch nichtlineare Zusammenhänge behandelt werden können. Dies ist möglich durch einen iterativen Lösungsalgorithmus unter Verwendung eines linearen Programmierungsmodells. Konkrete Rechnungen wurden mit einer einfacheren Version des Modells durchgeführt. Es wurden dabei nur wenige Emissionsquellen gewählt; ein lineares Programmierungsproblem ist dabei so zu lösen, daß der Lösungsvektor der Aktivitätenniveaus der verschiedenen Produktionsalternativen, Behandlungs- und Rezirkulationsmöglichkeiten minimale Kosten ergibt bei gleichzeitiger Berücksichtigung einer Mindestproduktion, sowie eines Satzes von Umweltqualitätsrestriktionen. Da die aggregierten regionalen Kosten kein sehr zuverlässiger Maßstab einer beabsichtigten Regionalpolitik sind, wurde das Modell um einen Teil erweitert, in dem die Verteilung der Kosten für alternative Maßnahmen berücksichtigt wird. Die einzelnen Kosten müssen dabei kleiner sein als vorgegebene akzeptable Niveaus dieser Kosten. Der Modellansatz von RUSSELL erscheint geeignet, regionale Planungsprobleme zu lösen. Es werden die konkreten Standorte der Emissionsquellen sowie deren Emissionen und Immissionen betrachtet, Voraussetzungen, die für Aussagen im Rahmen der Regionalplanung unbedingt notwendig sind. Dieses Modell gestattet damit bestimmte Anordnungen von Emissionsquellen zu errechnen, die einer vorgegebenen räumlichen Verteilung der Umweltqualität genügen.
Ein interessanter Ansatz für ein Planungsmodell stammt von GUSTAFSON und KORTANEK/GUSTAFSON (1976), S.164ff./. Es werden wiederum kostengünstigste Strategien gesucht, um die Umweltbelastung zu verringern. In einer ersten Version werden dabei günstigste Rückhaltestrategien für die Teilbereiche einer größeren Region gesucht bei Kostenminimierung für die ganze Region, d.h., es wird die günstigste Verteilung der Reduzierungsmaßnahmen für die Teilbereiche der Region berechnet. Eine andere Version des gleichen Modells kann für eine Vielquellenverteilung in einer Teilregion angewandt werden. In diesem Fall wird für jede Einzelquelle der notwendige Reduktionsanteil berechnet, um für die ganze Teilregion ein Kostenminimum zu erreichen. Eine noch detailliertere Version des Modells geht nicht nur von einem räumlichen Reduktionsanteil für jede Quelle aus, sondern betrachtet zusätzlich konkrete technische Möglichkeiten der Immissionsminderung wie z. B. Schorn-

steinerhöhung. Diese Modellversionen wurden bisher nur als theoretische Konzepte vorgestellt; die besondere Schwierigkeit für konkrete Rechnungen besteht in den weitgehend ungeklärten Emissions-Immissions-Zusammenhängen. Für Teilbereiche einer Region in der Größe 50 x 50 km existieren zwar Ausbreitungsmodelle, die Quantifizierung der gegenseitigen Beeinflussung unterschiedlicher Teilregionen ist bisher jedoch noch nicht befriedigend gelöst.

2.3 Forderungen an ein Umweltplanungsmodell

Das zu entwickelnde Umweltplanungsmodell soll, wie in Kap. 2.1 gefordert, ein methodisches Instrument bei der Durchführung der Umweltverträglichkeitsprüfung von umweltbelastenden Industrieanlagen darstellen. Dazu sind regionale ökologisch-ökonomische Planungsmodelle (Umweltplanungsmodelle) notwendig, die die Beurteilung der Auswirkungen konkreter Einzelmaßnahmen auf die Umwelt ermöglichen. Es sollen dabei geeignete Standorte und geeignete Betriebsweisen für Industrieanlagen gefunden werden, die sowohl ökologische wie auch ökonomische Ziele hinreichend erfüllen. Die konkrete Analyse beschränkt sich dabei auf energieerzeugende Anlagen d. h. auf Kraftwerke und Heizkraftwerke. Planungsmodelle auf der Basis von Input-Output-Modellen werden nicht in Frage kommen, da sie eher für Aussagen der Gesamtwirtschaftsbeeinflussung durch verschiedene umwelt- oder wirtschaftspolitische Maßnahmen geeignet sind. Als geeignete Modellansätze können angesehen werden:

- Ausbreitungsmodelle, die konkrete Auswirkungsanalysen der Emissionen von Einzelanlagen in einer Region ermöglichen (Modelltyp 1);

- Umweltplanungsmodelle, die kostenoptimale Lösungen für einen vorgegebenen Aktivitätenvektor bei Einhaltung von Umweltqualitätsnormen ergeben (Modelltyp 2);

- Umweltplanungsmodelle, die Kompromisse zwischen unterschiedlichen Zielvorstellungen anstreben, und die Bewertungen ermöglichen, inwieweit die unterschiedlichen Ziele erreicht wurden (Modelltyp 3).

Häufig geben die Auswirkungsanalysen mit Hilfe von Ausbreitungsmodellen bereits wichtige Planungshinweise für Umweltstrategien, z. B. auf die Notwendigkeit der Substitution von Einzelheizungen durch Heizwerke, so daß auf detaillierte Analysen bei anderen Emittenten verzichtet werden kann.
Im Rahmen der Gesamtplanung des Energieversorgungssystems in einer Region kann es darüber hinaus sinnvoll sein, alternative Möglichkeiten bezüglich der Standorte oder der Betriebsweisen der Einzelanlagen zu untersuchen. Die klassische Vorgehensweise ist hierbei, nach kostenoptimalen Lösungen bei Einhaltung von Umweltnebenbedingungen zu suchen. Das in Kap. 2.2 vorgestellte Modell von RUSSELL/RUSSELL (1972), S.126ff./ entspricht dieser Konzeption.

Kostenoptimale Lösungen werden nicht immer als ideale Zielvorstellung für
Planungen angesehen. Häufig werden Forderungen nach einer übergeordneten
Zielgröße erhoben, die Prinzipien des Allgemeinwohls ausdrücken soll. Dabei
ist allerdings problematisch, ob sich eine allgemein verbindliche Definition für das Allgemeinwohl finden läßt, und darüber hinaus, wie sich eine
solche Größe, die eine Vielzahl von Beurteilungskriterien enthält, eindimensional ausdrücken läßt. In diesem Zusammenhang sind Ansätze der sog.
vektorwertigen Optimierung von Interesse, die einen Problemlösungsraum nach
möglichen Kompromißlösungen für unterschiedliche Zielvorstellungen
untersuchen.

In dieser Arbeit werden Umweltplanungsmodelle aller drei Typen theoretisch
konzipiert, als Computerprogramme entwickelt und für eine konkrete Region
erprobt. Die Ergebnisse gestatten eine zumindest vorläufige Beurteilung der
einzelnen Ansätze. Die bisher entwickelten Umweltplanungsmodelle gestatten
dabei einige Forderungen aufzuzeigen, die insbesondere für Modelltyp 2 und
3 gültig sind:

1.) Die alleinige Berücksichtigung von Umweltforderungen im System der
    Nebenbedingungen ist nicht hinreichend.

2.) Werden als Nebenbedingungen maximale Emissionsmengen bzw. Emissionsstandards festgesetzt, so wird die spezifische Umweltproblematik der
    Schadenverursachung durch Immission nicht berücksichtigt.

3.) Modelle, die die Gesamtkosten eines Planungsvorhabens, d. h.
    die Summe aus einzelbetrieblich zurechenbaren Kosten und aus den durch
    externe Effekte verursachten Kosten minimieren, können nur eingeschränkte Aussagen ergeben, da eine befriedigende Quantifizierung der sozialen
    Zusatzkosten bisher nicht möglich ist.

zu 1.) Zwar ist der Aussage von THOSS durchaus zuzustimmen "..., daß die in
Form von Gleichungen und Ungleichungen formulierten Standards, in denen die
gewünschten ökonomischen und ökologischen Verhältnisse in einer Region
festgelegt werden, in einem Optimierungsmodell eine weitaus strengere

Anforderung darstellen als die nur als Zielfunktion in das Modell eingeführte
Maximierungs- oder Minimierungsvorschrift" /THOSS (1973), S.151ff./, jedoch
beschreibt diese Aussage nur eine Teilproblematik von Optimierungsmodellen.
Darüber hinaus gilt, daß der Einsatz von Optimierungsmodellen als mathe-
matisches Hilfsmittel der Entscheidungsfindung nur dann sinnvoll ist, wenn
der Lösungsraum, in dem optimale Strategien gesucht werden, eine solche
Ausprägung besitzt, daß eine Menge alternativer Strategien möglich ist.
Dies ist nur dann der Fall, wenn die gewählten Nebenbedingungen den
Lösungsraum nicht so stark einschränken, daß im Extremfall nur noch wenige,
sehr ähnliche Strategien möglich sind. Der mathematische Aufwand von
Optimierungsmodellen ist in diesem Fall überflüssig, da die "optimale"
Strategie unmittelbar aus den "sensitiven" Gleichungen bzw. Ungleichungen
des Systems der Nebenbedingungen erhalten werden kann. "Sensitive"
Gleichungen bzw. Ungleichungen sind diejenigen, die die wesentlichen
Einschränkungen des Lösungsraums bestimmen. Es wird eine Aufgabe des zu
konzipierenden Modells sein, zu untersuchen, inwieweit die bisher ge-
setzlich festgelegten Umweltqualitätsnormen außerhalb von industriellen
Ballungsräumen bereits restriktiv wirken.

Werden Umweltforderungen in das System der Nebenbedingungen aufgenommen, so
wird meist von den gesetzlich festgelegten Grenzwerten ausgegangen, z.B.
von den Immissionsstandards der TA-Luft (1974). Das Modell gestattet dann
im Extremfall, daß diese Grenzwerte an allen Orten der Region maximal
ausgenutzt werden. Damit erhalten die Grenzwerte eine Bedeutung, die der
Gesetzgeber nicht vorgesehen hat. Grenzwerte haben in den seltensten Fällen
Schwellenwertcharakter mit der Garantie, daß bei Unterschreiten dieser
Werte kein Schaden auftritt. Sie stellen meist Kompromißlösungen zwischen
ökonomischen Forderungen und ökologischen Forderungen zur Erhaltung des
Lebensraums sowie der Gesundheit des Menschen dar. In einem internationalen
Expertengespräch mit dem Thema "Umweltqualitätsnormen im Spannungsfeld
zwischen objektiver Festlegung und subjektiver Betroffenheit" wurde diese
Problematik behandelt /BMI-Bericht (1975), S.97/. Es wurde dabei festge-
stellt, daß nur bei Kurzzeitexpositionen (Kurzzeiteinwirkung von Schad-
Stoffen) von der Existenz von Schwellenwerten ausgegangen werden kann.
Ein kausaler Zusammenhang zwischen Exposition und Schadensrisiko für
den Menschen kann im entscheidenden niedrigen Expositionsbereich nicht angegeben werden. Diese Tatsachen führten zu den Forderungen:

(1) Umweltqualitätsnormen sollen Einzelpersonen und die Gesamtbevölkerung getrennt berücksichtigen,
(2) Umweltqualitätsnormen sollen als abgestufte Grenzwerte (Gütenormen) festgelegt werden. Die Auswahl der Gütenormen bei konkreten Planungen soll politisch erfolgen.

Im Verlauf des Expertengesprächs wurde ein Konzept für Umweltqualitätsnormen erarbeitet, das zwischen Richtwerten und Grenzwerten unterscheidet. Danach sollen sich die Grenzwerte an naturwissenschaftlichen, insbesondere an epidemiologischen Erkenntnissen orientieren und dürfen auf keinen Fall überschritten werden. Da unterhalb der Grenzwerte noch ein nicht vernachlässigbares Risiko für die Gesamtbevölkerung bestehen kann, sollen unterhalb der Grenzwerte Richtwerte festgelegt werden, die wesentlich strenger als die Grenzwerte sind. Diese Richtwerte sollen regional unterschiedlich durch einen politischen Prozeß bestimmt werden.

Sowohl die modelltheoretische Kritik als auch die Ausführungen zur relativen Bedeutung von Umweltqualitätsnormen zeigen, daß die alleinige Berücksichtigung von Umweltforderungen im System der Nebenbedingungen von Optimierungsmodellen nicht hinreichend ist. Umweltforderungen sollten daher auch die Zielfunktion von Optimierungsmodellen bestimmen.

zu 2.) In Kap. 2.1 wurde die Problemkette - Verbraucherverhalten-Technologie-Emission-Immission-Schaden-Zumutbarkeit - als Orientierungshilfe zur Lösung von Umweltschutzproblemen beschrieben. Die Beurteilung möglicher Schäden kann nur bei Kenntnis der Immission erfolgen, da die tatsächliche Beeinflussung der Natur wie auch des Menschen durch Immissionen an bestimmten Orten zu bestimmten Zeiten geschieht. Die Ursache der Immissionen sind zwar immer Emissionen, in dem spezifischen Zusammenhang dieser beiden Größen drückt sich jedoch die "ökologische Leistungsfähigkeit" einer Region aus, d.h. die Verdünnungs- bzw. Umwandlungsfähigkeit von Emissionen. So ist in einer Region mit hoher mittlerer Windgeschwindigkeit und hohen Ausbreitungsobergrenzen (z.B. norddeutscher Raum) eine dichtere Industriestruktur möglich als in einer Region wo diese Voraussetzungen nicht so ausgeprägt gegeben sind (z.B. süddeutscher Raum). Viele Fragen der Umweltpolitik, wie etwa Raum- und Strukturplanung, Zumutbarkeit bzw.

Standardsetzung und auch das damit zusammenhängende Problem möglicher
Wachstumsgrenzen, lassen sich nur durch Kenntnis der Immissionen in den
Regionen lösen. Hier liegt, wie bereits beschrieben, auch der Angelpunkt
für Umweltverträglichkeitsprüfungen. Der Gesetzgeber trägt diesem Tatbestand durch Festlegung der Umweltqualitätsnormen als Immissionsstandards
Rechnung. Die Errechnung der Immissionen aufgrund der Emissionen ist zwar
meist sehr schwierig, da komplizierte meteorologische Transport- und
Verdünnungsvorgänge zu behandeln sind, Umweltplanungsmodelle die jedoch
diesen Zusammenhang nur pauschal berücksichtigen und dann nur die Einhaltung
von maximalen Emissionsmengen verlangen, tragen der geschilderten Umweltproblematik nicht hinreichend Rechnung.

Die Orientierung an maximalen Emissionen berücksichtigt darüber hinaus auch
nicht die geographischen Bereiche, innerhalb deren Umweltprobleme entstehen
können. Umweltprobleme zeigen sich meist in

- lokalen
- regionalen und
- globalen   Bereichen.

Als Region wird dabei ein geographischer Bereich bezeichnet, der sich durch
ähnliche ökologische Verhältnisse auszeichnet, d.h. die meteorologischen,
die hydrologischen und die orographischen (die Reliefstruktur der Region beschreibenden) Verhältnisse innerhalb einer Region können näherungsweise als
gleich angesehen werden. Umwelt- bzw. auch Umweltplanungs-Probleme werden daher
meist nicht mit den Grenzen einzelner Volkswirtschaften übereinstimmen, für die
die bisherigen Planungsmodelle konzipiert sind. Umweltplanungsmodelle sollten
sich vielmehr an ökologisch bestimmten Einflußbereichen orientieren. Es zeichnet
sich dabei die zentrale Bedeutung der ökologisch zusammenhängenden Region ab,
die in Zukunft immer mehr zur planungsbestimmenden Einheit werden sollte. Es
ergibt sich dann das Problem der Wechselwirkung verschiedener Regionen d.h.
das sog. Region-"Umwelt"-Problem. Bezüglich dieser schwierigen Problematik
lassen sich bisher nur grobe Abschätzungen machen. Eine solche wurde von
WINTZER durchgeführt /FAUDE u.a. (1974), S. 161/.

Zu 3.)   Ein Großteil bisheriger Umweltplanungsmodelle strebt minimale
Gesamtkosten eines Planungsvorhabens an, d. h. die Summe aus einzelbe-
trieblich zurechenbaren Kosten und den sozialen Zusatzkosten soll möglichst klein
werden. Diese Gesamtkosten, insbesondere ihr sozialer Kostenanteil, lassen
sich bisher aber nicht befriedigend quantifizieren. Voraussetzung für eine
solche Quantifizierung wäre u.a. die Klärung der folgenden rein naturwissenschaftlichen Problemkreise:

- Auswahl der relevanten Schadstoffe, die unbedingt berücksichtigt
  werden müssen;
- Reaktionsmechanismen der Schadstoffe (Nichtpersistenz),
- Synergismen verschiedener Schadstoffe,
- Latenzzeit bis zum Auftreten von Schäden,
- Dosis-Wirkungsprobleme.

In der Auswahl der relevanten Schadstoffe liegt ein besonderes Problem, da
es der biomedizinischen Forschung nicht möglich ist, bei der Vielzahl aller
organischen und anorganischen Emissionen, die Schädlichkeit der Einzelpro-
dukte zu prüfen. Epidemiologische Untersuchungen, die Krankheitsstatistiken
auswerten, sind daher notwendig. Diese Untersuchungen erfordern jedoch lange
Beobachtungszeiten und differenzierte statistische Erhebungen. Im Rahmen einer
Technologieentwicklung ergeben sich immer wieder Erkenntnisse über bisher
als unbedeutend gehaltene externe Effekte, die plötzlich als bedeutend
erkannt werden; Beispiele hierfür sind die Einschätzung der Bedeutung des
radioaktiven Jod-129 oder des radioaktiven Kohlenstoff-14 im Rahmen der
Kernenergieentwicklung. Das Konzept der sozialen Kosten kann solange nicht
praktisch angewandt werden, solange nicht alle bedeutenden Schadens-
wirkungen bekannt sind.
Ein weiteres Problem sind die chemischen und photochemischen Reaktionen der
Schadstoffe, die oft zu noch erheblich schädlicheren Reaktions-Produkten
führen können /HALBRITTER (1972), S.7ff./. So führen die aus Kraftfahrzeugen
emittierten Stickoxide und Kohlenwasserstoffe unter Sonneneinstrahlung zu
den sehr schädlichen Substanzen Ozon und Peroxyacylnitrat (PAN), ein
Prozeß, der als photochemische Smogbildung bekannt wurde. Die möglichen

Reaktionsverläufe solcher Smogbildung sind bisher noch nicht hinreichend
erforscht. Ein weiteres Problem bei der Erfassung der sozialen Kosten
besteht in der Unkenntnis der synergistischen Wirkungen bei gleichzeitigem
Vorliegen mehrerer Schadstoffe. Bisher sind nur einige solcher Synergismen
bekannt, so der zwischen Schwefeldioxid und Staub.

Eine weitere Schwierigkeit bei der Erfassung der sozialen Kosten besteht in
der oft sehr langen Latenzzeit zwischen Schadstoff- bzw. Strahleneinwirkung
und Auftreten von Schäden. So liegt die Latenzzeit zwischen der primären
Strahleneinwirkung und dem Erkennbarwerden einer Krebserkrankung im Bereich
von Jahren und Jahrzehnten. Die Unsicherheit der Latenzzeiten führt immer
wieder zu neuen Erkenntnissen bezüglich der Einschätzung verschiedener
Krankheitsrisiken. Bis vor einigen Jahren wurde angenommen, daß bei
radioaktiver Ganzkörperbestrahlung des Menschen der weitaus dominierende
Spätschaden die Leukämie sei; auf Grund der Auswertung epidemiologischer
Erhebungen an den Atombombenüberlebenden wurde jedoch erkannt, daß Krebs
diese Rolle einnimmt. Diese späte Erkenntnis ist der relativ langen Latenzzeit der Krebsbildung im Vergleich zur Leukämie zuzuschreiben /JACOBI (1974),
S.279/.

Eine ähnliche Problematik wie die der Latenzzeit ergibt sich aus der Unkenntnis der Dosis-Wirkungszusammenhänge. Für hohe Dosiswerte (= Belastung
x Einwirkungszeitdauer) sind die Wirkungszuammenhänge zwar oft geklärt, die
Interpolation zu niedrigen Dosiswerten ist jedoch meist problematisch.

Lösungen für diese beispielhaft skizzierten rein naturwissenschaftlichen
Probleme sind bisher nicht gefunden. Darüber hinaus weisen neue Arbeiten
daraufhin, daß das Problem der sozialen Zusatzkosten nicht nur ein Problem der
Klärung naturwissenschaftlicher Wirkungszusammenhänge ist, sondern daß die
Höhe dieser Kosten wesentlich durch die Einschätzung der externen Effekte
durch die betroffene Bevölkerung bestimmt wird /OTWAY (1975), S.12ff.;
BATTELLE (1975), S.309ff./. Es zeigt sich das Problem der Akzeptanz von
Technologien allgemein bzw. von einzelnen technischen Großanlagen. Dieses
Problem hat zumindest teilweise seinen Ursprung in der grundsätzlichen
Schwierigkeit, Umweltgefahren und Umweltrisiken durch großtechnische Anlagen
zu quantifizieren und damit eindeutige Vergleichsaussagen zu ermöglichen
/JANSEN (1976), S.23 /.

Die genannten und begründeten Forderungen für Umweltplanungsmodelle geben insbesondere Hinweise für den Aufbau des Systems der Nebenbedingungen, jedoch nur bedingt für die Formulierung einer Zielvorstellung, an der sich Planungen orientieren sollten. Für Modelle vom Modelltyp 2, die kostenoptimale Lösungen anstreben, ergibt sich die Forderung, daß bei den Einzelanlagen eine größtmögliche Anzahl von Alternativen für Umweltschutzmaßnahmen und -technologien in den Aktivitätenvektor einbezogen werden sollte. Für energieerzeugende Anlagen bedeutet dies die Berücksichtigung verschiedener Betriebsweisen mit Brennstoffen verschiedenen Schwefelgehaltes bzw. den Einsatz von Rauchgasentschwefelungsanlagen. Um darüber hinaus raumplanerische Entscheidungshilfen geben zu können, sollten alternative Standortmöglichkeiten vorgegeben werden.

Besonders problematisch ist die Entwicklung von Zielvorstellungen für Modelltyp 3, der Kompromisse und Bewertungen für verschiedene Vorstellungen ergeben soll. Die Notwendigkeit solcher Kompromisse ergibt sich aus der Schwierigkeit, eine übergeordnete Zielvorstellung als Optimalitätskriterium für Planungsvorhaben zu formulieren. Es wird daher von mehreren Zielvorstellungen ausgegangen, die insgesamt einen Zielkonflikt ergeben. Ein solcher Zielkonflikt wird oft zwischen Forderungen der Ökonomie und der Ökologie gesehen. Während sich ökonomische Zielvorstellungen dank der monetären Maßgröße ohne Schwierigkeiten formulieren lassen, ist die Definition einer Zielgröße "Umweltgüte" problematisch. Einmal besteht hierbei die bereits geschilderte Unkenntnis über den Zusammenhang zwischen Immissionen und Wirkung bzw. Schaden. Darüber hinaus sind die Zusammenhänge von Ursachen und Wirkungen innerhalb ökologischer Systeme ganz allgemein noch nicht so exakt bekannt, daß daraus konkrete Zielvorstellungen zu entwickeln wären. Beim derzeitigen Wissensstand bleibt fraglich, ob die vielfältigen und komplizierten Wechselwirkungen innerhalb der Natur überhaupt durch eine oder mehrere Funktionen so beschrieben werden können, daß diese Funktionen mit bekannten Algorithmen zu behandeln sind. Weiterhin ergibt sich für die Größe "Umweltgüte" eine Aggregationsproblematik, da ein gegebener Umweltzustand nur durch eine Vielzahl von Zustandswerten beschrieben werden kann. Diese Vielzahl muß eindimensional abgebildet werden. Es lassen sich daher bei dem derzeitigen Wissensstand Zielvorstellungen der Ökologie und des Gesundheitsschutzes nicht befriedigend berücksichtigen.

Die folgenden Zielvorstellungen sollen daher näherungsweise als planungsrelevant für großtechnische Anlagen angesehen werden:

Zielvorstellung 1: Bei der Standortwahl von großtechnischen Anlagen sollen die entstehenden Kosten minimiert werden.

Zielvorstellung 2: Die Immissionsbelastung und die dadurch bedingten Risiken für die Bevölkerung sollen der Siedlungsdichte entsprechend minimiert werden.

Zielvorstellung 3: Die Immissionsbelastung soll in einer Region gleich verteilt sein.

Zielvorstellung 2 orientiert sich am Gesundheitsschutz für größere Bevölkerungsgruppen. Zielvorstellung 3 versucht Immissionsspitzen an bestimmten Aufpunkten zu vermeiden und kann damit näherungsweise als ökologische Forderung angesehen werden.

Gegen Zielvorstellung 2 könnte eingewendet werden, daß grundsätzlich ein Einzelbürger nicht weniger schutzwürdig ist als ein Bevölkerungsensemble. Gegen dies so begründete Recht des einzelnen steht allerdings die Notwendigkeit, daß jede Gesellschaft die Bereitschaft zum Sonderopfer oder Gruppensonderopfer verlangen muß. So steht denn auch Vorstellung 2 im Einklang mit Bestimmungen des öffentlichen Rechts. Sind Anlagen oder Veranstaltungen, von denen störende Beeinträchtigungen der Rechte Dritter ausgehen, öffentlich rechtlich organisiert oder werden sie nach Maßgabe öffentlichrechtlicher Vorschriften betrieben, so besteht kein uneingeschränkter Störungsabwehranspruch. Betroffene können daher nicht die Einstellung oder Einschränkung des Betriebs verlangen, es existiert ein Aufopferungsanspruch, bzw. ein Anspruch zum Sonderopfer und Gruppensonderopfer gegenüber dem gemeinen Wohl dienenden Maßnahmen. Diese Duldungspflicht gegenüber den negativen Auswirkungen bestimmter Maßnahmen (BGB §906), speziell Imponderabilien (Rauch, Schadgase usw.), schließt aber Entschädigungsansprüche nicht aus. Schon diese Entschädigungsansprüche allein zwingen daher, den Kreis der Betroffenen möglichst klein zu halten.

Es ist noch auf eine Entwicklung hinzuweisen, die für die Verwaltungsgerichtspraxis besondere Bedeutung gewinnen kann. Die neuen gesetzlichen Bestimmungen des Umweltschutzes, wie z. B. das Bundesimmissionsschutzgesetz und insbesondere die Verwaltungsvorschrift "Technische Anleitung zur Reinhaltung der Luft" /TA-Luft (1974), S.22 /, geben Verwaltungsgerichten die Möglichkeit, Baustops für Kraftwerke zu verhängen, die entsprechend dem Energieprogramm der Bundesregierung geplant waren, ein Beispiel hierfür ist der Baustop für das Kohlekraftwerk in Voerde. Verschiedene Politiker erhoben daher die Forderung, sog. Abwägungsklauseln in die gesetzlichen Regelungen einzubringen. Danach hätten die Richter dann im einzelnen Fall die unterschiedlichen Interessenlagen der Betroffenen gegeneinander aufzuwiegen. Es wäre also beispielsweise beim Kraftwerksbau das Interesse der Öffentlichkeit an einer gesicherten Stromversorgung abzuwägen gegenüber der Beeinträchtigung der Bürger in unmittelbarer Nachbarschaft des Kraftwerkes. Sollte diese Abwägungsklausel in die Gesetzgebung eingebracht werden, so gewinnt die Standortwahl entsprechend Zielvorstellung 2, d. h. Standortwahl bei minimaler Kollektivbelastung, besondere Bedeutung. Bei der Standortplanung für kerntechnische Anlagen ist, zumindest in den USA, die Kollektivbelastung ein akzeptiertes Vergleichskonzept zur Bewertung verschiedener Standorte /PIPER (1973), S.577ff./.

Die beschriebenen Zielvorstellungen sollen im Rahmen der gegebenen Handlungsmöglichkeiten bestmöglich erfüllt werden. Diese Handlungsmöglichkeiten werden, wie bereits erwähnt, einmal durch Forderungen der Umweltschutzgesetzgebung (Umweltqualitätsnormen) und darüber hinaus durch ökonomische Forderungen, wie z.B. Befriedigung des Mindestenergiebedarfs innerhalb der Region beschrieben. Diese Forderungen bilden das System der Nebenbedingungen, das den mathematischen Raum der möglichen Lösungen für das Problem der Standortwahl von umweltbeeinflussenden Anlagen bestimmt.

Es wurde aufgezeigt, daß es bei Umweltplanungsmodellen, die als Optimierungsmodelle konzipiert sind, nicht hinreichend ist, Umweltforderungen nur im System der Nebenbedingungen zu berücksichtigen. Ebenso gilt auch die umgekehrte Aussage für den Fall, daß Umweltzielvorstellungen (2 oder 3) die Zielfunktion bestimmen. Die zusätzliche Berücksichtigung von Umweltnebenbedingungen (Umweltqualitätsnormen) bei Optimierung einer als Zielfunktion zu formulierenden Umweltzielvorstellung ist notwendig, da das zu errechnende Optimum noch nicht unbedingt eine zumutbare Situation kennzeichnet.

Deshalb muß außerdem, ähnlich wie bei bisherigen Umweltmodellen, vom Konzept fester Anspruchsniveaus (Umweltqualitätsnormen) ausgegangen werden.
Damit wird sichergestellt, daß die gesetzlichen Vorschriften für die maximal zulässige Individualbelastung (Umweltqualitätsnormen) an allen Orten der Region eingehalten werden. Diese Umweltqualitätsnormen sind, wie bereits gesagt, immer Kompromisse zwischen ökologischen und ökonomischen Forderungen und keine Schwellenwerte für das Nichtauftreten von Schäden /BMI-Bericht (1975), S.97/. Die Minimierung der Bevölkerungsbelastung (Zielvorstellung 2), die eine Minimierung des Kollektivrisikos darstellt, bleibt daher eine sinnvolle Forderung des Gesundheitsschutzes.

Die Ergebnisse der Rechnungen für die genannten Zielvorstellungen werden zu unterschiedlichen Standortverteilungen für die großtechnischen Anlagen führen. Es bleibt ein Zielkonflikt zwischen den ökonomischen (1) und den ökologischen (2 und 3) Zielvorstellungen. Es besteht keine Möglichkeit, die definierten Ziele bezüglich ihrer Bedeutung gegeneinander zu bewerten, da sie einmal unterschiedlichen subjektiven und gruppenspezifischen Einschätzungen unterliegen und darüber hinaus auch verschiedene Dimensionierungen haben. Ein gewichtetes Zusammenfassen (Aggregieren) der verschiedenen als Zielfunktion zu formulierenden Zielvorstellungen zu einer übergeordneten Zielfunktion ist daher ad hoc nicht möglich. Ansätze der "vektorwertigen Optimierung" ergeben nun Möglichkeiten den durch das System von Nebenbedingungen gegebenen Lösungsraum nach pareto-optimalen Lösungen d.h. nach Kompromißlösungen zu untersuchen. Als Lösungen kommen damit nicht nur die meist an den Außenbegrenzungen des Lösungsraums liegenden und optimalen Werten einzelner Zielfunktionen entsprechenden Extremalpunkte in Frage, sondern auch Kompromißlösungen aus dem Inneren des Lösungsraumes. Die Zielerreichungsgrade dieser Kompromißlösungen für die einzelnen Ziele ergeben sich dann aus ihrer jeweiligen Skalierung von den günstigsten zu den ungünstigsten Lösungen des Lösungsraumes.

Ein Großteil der Industrieanlagen, die Umweltbelastungen ergeben, sind Anlagen der Energieerzeugung. Werden Standortprobleme von energieerzeugenden Anlagen untersucht, so sprechen sowohl ökonomische als auch ökologische Gründe dafür, von einer integrierten Energieversorgung in einer Region auszugehen, d.h. gleichzeitig sowohl die Strom- als auch die Wärmeversorgung der zu versorgenden Verdichtungsräume zu betrachten. Ein integriertes Energieversorgungssystem sollte daher außer Kraftwerken auch Heizkraftwerke und die zugehörigen Transporteinrichtungen umfassen. Die Fernwärmeversorgung stellt eine Möglichkeit der rationellen Energieverwendung dar. Sie erlaubt es, den größten Energiebedarfssektor, die Raumheizung (40 % des Endenergieverbrauchs), mit dem größten Energieverlustsektor, der Abwärme von Kraftwerken, zu verbinden. Mit Hilfe der Wärmekraftkopplung kann durch die Einspeisung von Wärme aus Kraftwerken in ausgedehnte Fernheizsysteme ein wesentlicher Beitrag zur Energieeinsparung geleistet werden, der sich insbesondere auf den Heizölbedarf auswirken würde. Gleichzeitig könnte die Nutzung der Kraftwerksabwärme in Fernheizsystemen dazu beitragen, die Umweltprobleme beim Bau von Kraftwerken zu vermindern.

Die volkswirtschaftliche Bedeutung einer solchen Wärmekraftkopplung soll an Hand einiger Zahlen skizziert werden. Etwa 40 % des gesamten Endenergiebedarfs der Bundesrepublik Deutschland wird für Raumheizung benötigt, weitere 36 % werden vor allem in der Industrie als Prozeßwärme eingesetzt. Ingesamt besteht etwa die Hälfte des gesamten Endenergieverbrauchs aus Wärme bis 200°C. Nur 24 % des Endenergieverbrauchs werden für Licht und Kraft benötigt, und nur ein Teil dieses Anteils wiederum wird als elektrischer Strom geliefert. Versorgung mit Elektrizität ist daher nur ein Teilproblem, von noch größerer Bedeutung ist eine Modernisierung und Rationalisierung im Bereich der Wärmeversorgung. Dafür spricht auch die relativ schlechte Energiebilanz: mehr als die Hälfte der ursprünglich eingesetzten Energie geht bei der Umwandlung, beim Transport und bei der Anwendung verloren. Ein Großteil dieser Verluste geht auf schlechte Wirkungsgrade einzelner Umwandlungsverfahren zurück.

3. Der gewählte systemanalytische Ansatz

Ausgehend von dem ebenso akuten wie offensichtlichen Zielkonflikt zwischen der Industrialisierung einer Region einerseits und der Erhaltung von ökologischen Qualitäten eben dieses Raumes andererseits wurden im 2. Kapitel Zielvorstellungen entwickelt, die dem eingeschränkten bisherigen Kenntnisstand entsprechen und daher als erste Näherung zur Lösung des Zielkonfliktes angesehen werden können.

Dieser Zielkonflikt soll mit dem entwickelten systemanalytischen Ansatz behandelt werden, der aus mehreren Teilmodellen besteht. Unter Einbeziehung eines Ausbreitungsmodells, das, wie beschrieben, Auswirkungsanalysen für umweltbelastende Anlagen ermöglicht, wird ein Umweltplanungsmodell konzipiert, das für vorgegebene Standortalternativen und vorgegebene Betriebsweisen kostenoptimale Lösungen für energieerzeugende Anlagen errechnet. Dieses Modell ist Teil des umfassenden Modellansatzes, der Kompromißlösungen für unterschiedliche Zielvorstellungen zu errechnen gestattet.

Kennzeichen dieses analytischen Lösungsansatzes ist die Kopplung der Methode der atmosphärischen Ausbreitungsrechnung mit dem Operation Research-Verfahren der "Vektoriellen Optimierung". Die Ergebnisse der Ausbreitungsrechnung sind dabei Voraussetzung zum Auffinden von Standortverteilungen für Industrieanlagen mit dem Verfahren der "Vektoriellen Optimierung". Dieser allgemeine Lösungsansatz wird in Kapitel 3 entwickelt. Im Kapitel 3.1 wird die Theorie der "Vektoriellen Optimierung" behandelt und in Kapitel 3.2 das Modell zur Beurteilung der Standortwahl von umweltbelastenden Industrieanlagen vorgestellt.

3.1 Algorithmus zur Findung von Kompromißlösungen bei unterschiedlichen Zielvorstellungen Methode der vektorwertigen Optimierung

3.1.1 Allgemeine Darstellung

Die skalarwertige Optimierung, die einen optimalen Wert für eine als Zielfunktion formulierte Zielvorstellung ergibt, hat ihre Leistungsfähigkeit bei vielen Problemen der Mikroökonomie und der technischen Prozeßsteuerung erwiesen. In anderen Bereichen der Mikroökonomie und fast allen der Makroökonomie liegen Problemstellungen vor, die die Berücksichtigung mehrerer Zielvorstellungen verlangen. Es sei hier an das sog. magische Viereck der Volkswirtschaft erinnert, das die Zielvorstellungen der Wirtschaftspolitik ausdrückt - Wachstum, Stabilität, Vollbeschäftigung und Gleichgewicht der Zahlungsbilanz. Wird die Orientierung an einer Vielzahl von Zielvorstellungen vorgeschrieben, so ist keine eindeutig "optimale" Lösung zu erwarten, sondern es werden sich meist nur sog. pareto-optimale Lösungen ergeben, von denen keine eindeutig gegenüber der anderen bevorzugt werden kann. Der pareto-optimalen Lösungsmenge entspricht dann die zugehörige Strategienmenge, die zu diesen Lösungen führte.

GEOFFRION zeigte, daß das sog. Vektormaximumproblem, in dem für mehrere voneinander unabhängige Zielfunktionen pareto-optimale Strategienvektoren gesucht werden, unter bestimmten Bedingungen dem sog. parametrischen Programmierungsproblem äquivalent ist, in dem die Einzelzielfunktionen additiv zu einer Gesamtzielfunktion zusammengefaßt werden. Diese Tatsache ergibt noch keine Möglichkeit, einen Kompromißstrategievektor zu errechnen, da die Gewichtungsfaktoren im voraus kaum anzugeben sind.

Mögliche Lösungen von Zielkonflikten zwischen verschiedenen Zielvorstellungen können mit spieltheoretischen Methoden gefunden werden. Voraussetzung ist dabei, daß für jede Einzelzielfunktion eine "beste" und eine "schlechteste" Lösung bekannt ist. Diese Extremallösungen dienen zur Erstellung linearer Skalen, die dann auf einfache Weise Zielerreichungsgrade für die Zielfunktionen anzeigen. In dieser Arbeit werden zwei Lösungsverfahren angewandt:

1.) Der Ansatz von JÜTTLER und KÜRTH, in dem ein für alle Zielfunktionen gemeinsamer Mindestzielerreichunggrad (gemeinsamer Mindestzielerreichungsgrad: GMZG) maximiert wird. Dieser Mindestzielerreichungsgrad wird für eine Zielfunktion exakt gelten, er kann für weitere überschritten werden. Der Ansatz stellt somit die bestmögliche gleichgewichtige Erfüllung der Einzelziele sicher.

2.) Der Ansatz von ALLGAIER, der die Summe der Einzel-Zielerreichungsgrade (SZG) der Zielfunktionen maximiert. Außer der exakten Angabe der einzelnen Zielerreichungsgrade für alle Zielfunktionen, können bei diesem Ansatz exogene Präferenzvorstellungen berücksichtigt werden. Dies geschieht durch die Aufnahme von Mindestzielerreichungsgraden (MZG) für die Einzelzielfunktionen in das Restriktionensystem.

Wird der Zielkonflikt über die Auszahlungsmatrix eines Zwei-Personen-Nullsummenspiels gelöst, so können die Zielfunktionen nichtlinear sein. Liegen lineare Zielfunktionen vor, so kann der Zielkonflikt mit einem linearen Programm gelöst werden.

Das duale Problem zum Lösungsansatz von ALLGAIER ergibt die Gewichtsfaktoren für die einzelnen Zielfunktionen, mit denen eine zusammengesetzte übergeordnete Zielfunktion des zum Ausgangsproblem äquivalenten parametrischen Programmierungsproblem gebildet werden kann.

3.1.2 Formale Darstellung des Vektormaximumproblems

Für K Zielvorstellungen, die als Zielfunktionen formuliert werden können und die hinsichtlich ihrer Bedeutung nicht geordnet werden können, ergibt sich das folgende Optimierungsproblem:

Def. 1:

$$\max \left\{ \begin{array}{c} c_1(\underline{x}) \\ c_2(\underline{x}) \\ \vdots \\ c_k(\underline{x}) \\ \vdots \\ c_K(\underline{x}) \end{array} \, \middle| \, \underline{x} \in X \right\} \qquad k = 1, \ldots, K \qquad (3.1)$$

mit $X = \{\underline{x} | A \cdot \underline{x} \leq \underline{b}, \underline{x} \geq \underline{0}\}$ konvexes Polyeder im $\mathbb{R}^n$

$$\underline{x} = \begin{pmatrix} x_1 \\ \vdots \\ x_n \end{pmatrix} \qquad \text{Strategienvektor}$$

$c_1(\underline{x}), c_2(\underline{x}), \ldots, c_K(\underline{x})$ Zielfunktionen

Dieses Problem heißt Vektormaximumproblem oder Problem mit mehrfacher Zielsetzung.

Die Elemente a_{ij} (i=1,...,m; j=1,...,n) der Matrix A bezeichnen die Auswirkung einer Maßnahme j auf den Zustand einer Größe i, die Komponenten des Vektors $\underline{b}$ die Grenzen des Verfügungsraumes der Zustandsgröße i. Gesucht sind die Komponenten des Vektors $\underline{x}$, des sog. Strategienvektors, der die K Zielfunktionen gleichzeitig maximiert.

Im allgemeinen Falle wird ein Zielkonflikt vorliegen d.h. es wird kein Strategienvektor $\underline{x}$ gefunden werden, der alle Ziele gleichzeitig erreicht. Durch Einführung des Effizienzbegriffs läßt sich die mögliche Lösung des Problems beschreiben.

Def. 2: Ein Vektor $\hat{\underline{x}} \in X$ heißt <u>effizient</u> oder pareto-<u>optimal</u> bezüglich X, wenn kein Vektor $\underline{x}' \in X$ existiert mit der Eigenschaft $\underline{x}' \geq \hat{\underline{x}}$
/KOOPMANS (1951), S. 60/.

Def. 3: Ein Vektor $\hat{\underline{x}} \in X$ heißt <u>funktional-effizient</u> bezüglich X und den Zielfunktionen $c_1(\underline{x}),\ldots,c_K(\underline{x})$, wenn kein Vektor $\underline{x}' \in X$ existiert mit der Eigenschaft $c_k(\underline{x}') \geq c_k(\hat{\underline{x}})$ für alle $k=1,\ldots,K$.
/CHARNES, COOPER (1951), S. 321/.

Es ist zwischen Vektoren im Entscheidungsraum X (n-dimensional) und Vektoren im Bildraum der Zielfunktionen (K-dimensional) zu unterscheiden. Bei dem Problem mehrfacher Zielsetzung sind letztlich Lösungen, die im Entscheidungsraum X liegen, von Interesse, so daß die funktional effizienten Vektoren von Bedeutung sind. Die effizienten Vektoren liegen immer auf dem Rande der Alternativenmenge X, bei den funktional effizienten Vektoren ist dies nicht notwendigerweise der Fall. Die Abbildungen der funktional effizienten Vektoren in den Bildraum der Zielfunktionen werden jeodch immer am Rande des zulässigen Bereichs zu finden sein.

Def. 4: Die Menge aller funktional effizienten Vektoren eines Vektormaximumproblems heißt <u>vollständige Lösung</u> des Vektormaximumproblems.
/GEOFFRION (1965), S.3/.

Def. 5: Ein Problem

$$\max \sum_{k=1}^{K} \lambda_k \cdot c_k(\underline{x}) \qquad (3.2)$$

mit $\underline{x} \in X$ und $\lambda_k \geq 0$ heißt <u>parametrisches Programmierungsproblem.</u>
GEOFFRION hat die Äquivalenz des Vektormaximumproblems mit dem parametrischen Programmierungsproblem nachgewiesen.

Satz 1: Es seien
X konvexes Polyeder im $\mathbb{R}^n$
$c_1(\underline{x}) \ldots c_k(\underline{x})$ konkave Zielfunktionen.

Dann gilt:

Zu jeder funktional-effizienten Lösung $\hat{\underline{x}}$ des Vektormaximumproblems (3.1) kann ein Vektor $\underline{\lambda} \geq \underline{0}$ angegeben werden, derart, daß $\hat{\underline{x}}$ das parametrische Programmierungsproblem

$$\max \sum_{k=1}^{K} \lambda_k c_k(\hat{\underline{x}})$$

mit $\hat{\underline{x}} \in X$ löst.

(Beweis siehe /GEOFFRION (1965), S. 47/)

Unter den angegebenen Voraussetzungen ergibt sich damit immer die Möglichkeit das Vektormaximumproblem mit Hilfe einer übergeordneten Zielfunktion, die aus der gewichteten Summe der Einzelzielfunktionen besteht, zu lösen. In dieser Arbeit wird u.a. untersucht, ob damit ein Lösungsweg für praktische Probleme gegeben ist.

3.1.3 Lösungsansätze für das Vektormaximumproblem

Es werden zwei Ansätze zur Lösung des Vektormaximumproblems aufgezeigt, die zu funktional-effizienten Lösungen führen. Der Ansatz von JÜTTLER und KÜRTH wird für den allgemeinen Fall auch nichtlinearer Zielfunktionen behandelt (Kap. 3.1.3.1). Für den Spezialfall linearer Zielfunktionen wird ein Rechenmodell entwickelt (Kap. 3.1.3.2). Für lineare Zielfunktionen wird darüber hinaus auch der Ansatz von ALLGAIER skizziert (Kap. 3.1.3.3).

3.1.3.1 Modellansatz JÜTTLER/KÜRTH für den allgemeinen Fall nichtlinearer Zielfunktionen

Der Ansatz, der von JÜTTLER und KÜRTH entwickelt wurde, basiert auf einer spieltheoretischen Lösung des Zielkonfliktes. JÜTTLER ermittelt den in bestimmter Hinsicht optimalen Kompromiß durch eine lineare Kombination vorgegebener, für einzelne Zielsetzungen optimaler Strategienvektoren. Die Koeffizienten dieser Linearkombination werden dabei so bestimmt, daß ein für alle Zielfunktionen gemeinsamer Mindestzielerreichungsgrad (GMZG) maximiert wird. Dieser GMZG wird zumindest für eine Zielfunktion exakt gelten; er kann für weitere überschritten werden. Bei linearen Nebenbedingungen bildet die Menge X aller möglichen Strategienvektoren ein konvexes Polyeder in $\mathbb{R}^n$. Die optimalen Werte der einzelnen Zielfunktionen sind Eckpunkte dieses Polyeders. KÜRTH erweitert das Lösungsmodell durch Einbeziehung all jener Extremalpunkte des konvexen Polyeders X, die nicht optimal bezüglich einer der K Zielfunktionen sind. Durch diese Erweiterung besteht die Möglichkeit, die Kompromißlösung zu verbessern.

Die Lösung wird in mehreren Schritten erstellt.

1.) Errechnung von N Extremallösungen $\underline{x}_k$, die den N Extremalpunkten (Ecken) des konvexen Polyeders X entsprechen. Die Extremallösungen sind einmal die Optimallösungen der K Zielfunktionen und darüber hinaus N-K weitere Extremallösungen.

$$\underline{x}_1^*, \ldots, \underline{x}_k^*, \underline{x}_{k+1}, \ldots, \underline{x}_N$$

dabei sind

$\underline{x}_k^*$ Optimallösungen für $c_k(\underline{x})$ $k=1,\ldots,K$

$\underline{x}_{k'}$ Extremalpunkte von X $k'=K+1,\ldots,N$

2.) Bestimmung der "besten" und "schlechtesten" Werte f^{ok} und f_{ok} der K Zielfunktionen $c_k(\underline{x})$.

$$f^{ok} = \max_{\underline{x}_k^* \in X} c_k(\underline{x}_k^*) \quad \text{für alle } k=1,\ldots,K \qquad (3.3)$$

$$f_{ok} = \min_{\underline{\bar{x}}_k \in X} c_k(\underline{\bar{x}}_k) \quad \text{für alle } k=1,\ldots,K \qquad (3.4)$$

Damit wird eine Skala für mögliche Zielerreichungsgrade bestimmt.

3.) Erstellung einer Matrix H der Zielerreichungsgrade, deren Elemente h_{jk} angegeben, welcher Bruchteil der Differenz Skalarmaximum-Skalarminimum ($f^{ok} - f_{ok}$) für die k-te Zielfunktion bei Wahl des Vektors $\underline{x}_j$ erreicht wird.

$$h_{jk} := \frac{c_k(\underline{x}_j) - f_{ok}}{f^{ok} - f_{ok}} \quad 0 \leq h_{jk} \leq 1 \quad \begin{array}{l} j = 1,\ldots, N \\ k = 1,\ldots, K \end{array} \qquad (3.5)$$

Die N möglichen Extremallösungen $\underline{x}_j$ bilden für die K Zielfunktionen $c_k(\underline{x}_j)$ eine (N x K)-Matrix der Zielerreichungsgrade H

$$H \equiv [h_{jk}] := \left[\frac{c_k(\underline{x}_j) - f_{ok}}{f^{ok} - f_{ok}} \right] \quad \begin{array}{l} j = 1,\ldots, N \\ k = 1,\ldots, K \end{array} \qquad (3.6)$$

wobei $h_{kk} = 1$

4.) Bestimmung des Strategienvektors der optimalen Strategien; dieser Strategienvektor ergibt die Koeffizienten der Linearkombination mit dem größtmöglichen gemeinsamen Mindestzielerreichungsgrad (GMZG) für alle

Zielfunktionen.

Den Zeilen der Matrix H sind die N Extremallösungen $\underline{x}_j$ (j=1,...,N), den Spalten die K Zielfunktionen $c_k(\underline{x}_j)$ (k=1,...,K) zugeordnet. Die Matrix H kann als Auszahlungsmatrix eines Zwei-Personen-Nullsummenspiels {X,Z,H} aufgefaßt werden, das durch die Strategienmenge X = $\{\underline{x}_1,...,\underline{x}_N\}$ des Spielers 1, durch die Strategienmenge Z = $\{c_1(\underline{x}),...,c_K(\underline{x})\}$ eines Spielers 2 sowie durch die Matrix H definiert ist. Die "Auszahlung" h_{jk} in diesem Spiel ist demnach ein Maß für den Gewinn, den Spieler 1 erhält, wenn er sich für die Extremallösung $\underline{x}_j$ entscheidet, während Spieler 2 die Zielfunktion $c_k(\underline{x})$ als Optimalitätskriterium festlegt. Der Gewinn ist gleich 1, wenn j=k ist. Die Rolle des Spielers 2 entspricht einer übergeordneten Instanz, die die Gleichrangigkeit der einzelnen Zielvorstellungen anstrebt. Dieses Spiel modelliert eine Entscheidungssituation unter Unsicherheit, die dadurch gegeben ist, daß ohne Kenntnis des "wahren" Kriteriums (Zielfunktion) eine Auswahl zwischen den N Extremallösungen $\underline{x}_j$ getroffen werden muß. Der Spieler 1 besitzt in dieser Situation die Möglichkeit, den minimal auftretenden Gewinn zu maximieren, d.h. eine Lösung anzustreben, die die minimalen Zielerreichungsgrade bezüglich aller K Zielfunktionen maximiert. Eine solche Lösung läßt sich über die Lösung des definierten Nullsummenspiels erreichen.

Aus der Definition der Elemente von H geht hervor, daß die Auszahlungsmatrix keinen Sattelpunkt besitzt:

$$\max_j \min_k h_{jk} < \min_k \max_j h_{jk} = 1 \qquad (3.7)$$

da $h_{jk} = 1$ für j=k.

Das Fehlen eines Sattelpunktes bedeutet, daß die optimalen Strategien der Spieler gemischte Strategien sind. Die optimale Lösung des Spiels {X,Z,H} sei gegeben durch ($\underline{p},\underline{t},v$) mit

$$\underline{p} = (p_1,\ldots\ldots,p_k, p_{k+1},\ldots\ldots, p_N)^T \qquad (3.8)$$

optimale gemischte Strategie von Spieler 1,

$\underline{t} = (t_1,\ldots,t_K)$ optimale gemischte Strategie von Spieler 2, (3.9)

v   Wert des Spiels.

$\underline{p}$ und $\underline{t}$ sind Vektoren, für die gilt:

$$\sum_{j=1}^{N} p_j = 1, \quad p_j \geq 0 \qquad j = 1,\ldots, N$$

$$\sum_{k=1}^{K} t_k = 1, \quad t_k \geq 0 \qquad k = 1,\ldots, K$$

5.) Lösung des Problems durch Linearkombination der Extremalpunktlösungen. Die Komponenten der optimalen gemischten Strategie des Spielers 1 lassen sich als Koeffizienten einer konvexen Linearkombination der N Extremallösungen $\underline{x}_j (j=1,\ldots,N)$ verwenden:

$$\underline{x}^* = p_1 \underline{x}_1^* + \cdots + p_K \underline{x}_K^* + p_{K+1} \underline{x}_{K+1}^* + \cdots + p_N \underline{x}_N \qquad (3.10)$$

Der Vektor $\underline{x}^*$ ist die gesuchte Kompromißlösung. Diese ist "optimale Kompromißlösung" bezüglich aller zur Auswahl stehenden Linearkombinationen der N Extremallösungen $\underline{x}_j$, d.h. innerhalb der durch

$$X = \{\underline{x} | \underline{x} = \sum_{j=1}^{N} p_j \underline{x}_j \; ; \; \sum_{j=1}^{N} p_j = 1 \; ; \; p_j \geq 0, \; j = 1,\ldots, N\}$$

gegebenen konvexen Untermenge aller durch (3.1) gegebenen zulässigen Lösungen besitzt $\underline{x}^*$ die kleinste relative Abweichung aller K Zielfunktionen von den individuellen Optima im Vergleich zu allen anderen möglichen konvexen Linearkombinationen der Extremallösungen. Der optimale Spielwert sei v^*. Die maximale relative Abweichung bezüglich aller K Optimalitätskriterien beträgt dann höchstens $100(1-v^*)$ Prozent.

3.1.3.2 Modell JÜTTLER/KÜRTH für lineare Zielfunktionen

Der Modellansatz von H. KÜRTH ist äquivalent einem linearen Programm mit der Zielsetzung, den GMZG zu maximieren. Das Problem kann wie folgt formuliert werden

max v

unter den Nebenbedingungen

$$\sum_{j=1}^{N} p_j \cdot h_{jk}(\underline{x}_j) - v \geq 0 \qquad k = 1,\ldots,K \qquad (3.11)$$

$$\sum_{j=1}^{N} p_j = 1 \qquad p_j \geq 0$$

$v \geq 0$

$h_{jk}(\underline{x}_j)$ Element der Matrix der Zielerreichungsgrade H

$\underline{x}_j$ Extremalpunkt von X $j=1,\ldots,K, K+1, \ldots N$

v ist der Wert des Spieles. Die Koeffizienten p_j drücken die Kombination von Ecklösungen des Polyeders X aus, die einen maximalen Mindestzielerreichungsgrad für alle Zielfunktionen ergibt. Die Lösung des Problems (3.11) ergibt sowohl den Spielwert v als auch die Koeffizienten p_j. Durch die konvexe Linearkombination der N Koeffizienten p_j mit den N Extremallösungen $\underline{x}_j$, entsprechend (3.10), läßt sich dann die gesuchte Kompromißlösung $\underline{x}^*$ darstellen.

Die Restriktionen von (3.1)

$A \cdot \underline{x} \leq \underline{b}$ und $\underline{x} \geq \underline{0}$

werden in (3.11) bereits dadurch berücksichtigt, daß für die Errechnung der Zielerreichungsgrade h_{jk} (Elemente der Spielmatrix) nur Ecklösungen des Polyeders X benutzt werden.

Die Bestimmung aller Ecken $\underline{x}_j$ des konvexen Polyeders X ist praktisch sehr aufwendig. Für den Spezialfall linearer Zielfunktionen, d.h. $c_k(\underline{x}) = \sum_{\ell=1}^{n} c_{k\ell} \cdot x_\ell$ kann der Kompromißvektor $\underline{x}^*$ unmittelbar aus einem linearen Programm erhalten werden. Dies wird im folgenden gezeigt:

Bei linearen Zielfunktionen läßt sich das Ungleichungssystem von (3.11) darstellen

$$\sum_{j=1}^{N} \frac{p_j(\underline{c}_k^T \underline{x}_j - f_{ok})}{f^{ok} - f_{ok}} - v \geq 0 \qquad k = 1, \ldots, K$$

$\underline{c}_k$ Vektor der Dimension n der Koeffizienten der k-ten Zielfunktion

Durch Umformung ergibt sich

$$\sum_{j=1}^{N} \{p_j \cdot (\underline{c}_k \cdot \underline{x}_j) - p_j \cdot f_{ok}\} - (f^{ok} - f_{ok}) \cdot v \geq 0 \qquad k=1,\ldots,K$$

Da $\sum_{j=1}^{N} p_j = 1$, ergibt sich weiterhin

$$\sum_{j=1}^{N} \{p_j \cdot (\underline{c}_k^T \cdot \underline{x}_j)\} - f_{ok} - (f^{ok} - f_{ok}) \cdot v \geq 0 \qquad k=1,\ldots,K$$

und damit insgesamt das lineare Programm

max v

unter den Nebenbedingungen

$$\sum_{j=1}^{N} \{p_j \cdot (\underline{c}_k^T \cdot \underline{x}_j)\} - f_{ok} - (f^{ok} - f_{ok}) \cdot v \geq 0 \qquad k=1,\ldots,K$$

$p_j \geq 0$

$\sum_{j=1}^{N} p_j = 1$

$v \geq 0$

Da sich jeder Punkt $\underline{x}$ des konvexen Polyeders X als konvexe Linearkombination mit Koeffizienten $p_j \geq 0$ $\sum_{j=1}^{N} p_j = 1$, der Ecklösungen $\underline{x}_j (j=1,\ldots, N)$ darstellen läßt, kann man auch schreiben max v

unter den Nebenbedingungen (3.12)

$- (\underline{c}_k^T \cdot \underline{x} - f_{ok}) + (f^{ok} - f_{ok}) \cdot v \leq 0 \qquad k=1,\ldots, K$

$A \cdot \underline{x} \leq \underline{b}$

$\underline{x} \geq \underline{0}$

$v \geq 0$

$\underline{x}$ Kompromißvektor der Dimension n, der sich unter der Zielsetzung maximaler GMZG ergibt

v Mindestzielerreichungsgrad

Die Lösung des Problems (3.12) ergibt sowohl den Mindestzielerreichungsgrad v als auch den Kompromißvektor $\underline{x}$. Damit wird unmittelbar, d.h. ohne Bestimmung der Extremalpunkte $\underline{x}_j$ (j=1,...,N) der optimale Lösungsvektor $\underline{x}^*$ erhalten, der die konvexe Linearkombination von $\underline{x}_j$ mit dem maximalen GMZG ergibt.

Der Optimalwert v^* gibt denjenigen Zielerreichungsgrad an, der maximal für alle Zielsetzungen gleichzeitig erreicht und für einzelne Zielfunktionen auch überschritten werden kann.

Das duale Problem

Aus Programm (3.11) werden die Gewichtsfaktoren p_j für die Extremalpunkte $\underline{x}_j$ des konvexen Polyeders X erhalten, die die Linearkombination von $\underline{x}_j$ mit dem besten GMZG ergeben. Das duale Programm zu (3.11) führt zu den Gewichtsfaktoren t_k für die Einzelzielfunktionen $c_k(\underline{x})$, die die Linearkombination von $c_k(\underline{x})$ mit dem besten GMZG ergeben.

Programm (3.11) kann in Matrixschreibweise, wie folgt, geschrieben werden

$$\max v$$
unter den Nebenbedingungen (3.13)
$$\underline{p}^T \cdot H - \underline{e}_K \cdot v \geq \underline{0}$$
$$\underline{e}_N^T \cdot \underline{p} = 1$$
$$\underline{p} \geq \underline{0}$$
$$\underline{e}_{K,N} := (1,\ldots,1)^T \quad \text{K bzw N Elemente}$$

(3.13) kann durch Einführung der neuen Variablen $\bar{p}_j = \dfrac{p_j}{v}$ und einige weitere Umformungen /COLLATZ-WETTERLING (1966), S. 154/ auf die Standardform eines linearen Programms gebracht werden.

$$\min \underline{e}_N^T \cdot \underline{\bar{p}}$$
unter den Nebenbedingungen (3.14)
$$\underline{\bar{p}}^T \cdot H \geq \underline{e}_K$$
$$\underline{e}_N^T \cdot \underline{\bar{p}} = \bar{v} = \frac{1}{v}$$
$$\underline{\bar{p}} = \frac{\underline{p}}{v}$$

Das duale Programm zu (3.14) lautet

$$\max \underline{e}_K^T \cdot \underline{t}$$
unter den Nebenbedingungen (3.15)
$$H \cdot \underline{t} \leq \underline{e}_N$$
$$\bar{v} = \frac{1}{v} = \underline{e}_K^T \cdot \underline{t}$$
$$\underline{\bar{t}} = \frac{\underline{t}}{v} \implies \underline{t} = \frac{\underline{\bar{t}}}{\underline{e}_K \cdot \underline{\bar{t}}}$$

Für die Optimallösungen ($\bar{p}^*, \bar{t}^*$) gilt /SIMMONARD (1966), S. 99/:

$$\bar{p}^{*T} \cdot (\underline{e}_N - H \cdot \bar{t}^*) = 0 \qquad (3.16)$$

$$(\underline{e}_k^T - \bar{p}^{*T} \cdot H) \cdot \bar{t}^* = 0 \qquad (3.17)$$

Da die Summanden in (3.16) und (3.17) gleichzeitig verschwinden müssen, folgt z.B. aus (3.16):

$$\bar{p}_j^* = 0 \longrightarrow H_{j.} \cdot \bar{t}^* \geq e_j = 1 \qquad (3.18)$$

$$\bar{p}_j^* > 0 \longrightarrow H_{j.} \cdot \bar{t}^* = e_j = 1 \qquad (3.19)$$

$$j = 1, \ldots N$$

mit $H_{j.}$ j-te Spalte von Matrix H

Für $\bar{p}_j^* > 0$ läßt sich damit ein lineares Gleichungssystem für die $\bar{t}_k^*$ erstellen:

$$\sum_{k=1}^{K} \frac{c_k(\underline{x}_j) - f_{ok}}{f^{ok} - f_{ok}} \cdot \bar{t}_k^* = 1 \qquad j = 1, \ldots, K \qquad (3.20)$$

Zusammen mit $t_k^* = \dfrac{\bar{t}_k^*}{\sum_{k=1}^{K} \bar{t}_k^*}$ können somit die Gewichtsfaktoren für die

einzelnen Zielfunktionen bei maximalen GMZG für alle Zielfunktionen erhalten werden.

Wird der Kompromißvektor $\underline{x}$ entsprechend (3.12) berechnet, so können die Gewichtsfaktoren t_k^* für die Zielfunktionen $c_k(\underline{x})$ nicht ohne weiteres angegeben werden, da die $\bar{p}_j^*$ mit $\bar{p}_j^* > 0$ nicht bekannt sind.

3.1.3.3 Modell ALLGAIER für lineare Zielfunktionen

Ein weiterer Ansatz um funktional-effziente Lösungen des Vektormaximumproblems zu erhalten, wurde von ALLGAIER vorgeschlagen. Dieser Ansatz wurde ebenfalls spieltheoretisch hergeleitet. Der Spielwert v wird in K Komponenten, entsprechend den K Zielfunktionen, aufgespalten

$$\underline{v} := (v_1, \ldots, v_K)^T$$

Aus dem Wert für den GMZG wurde damit ein Vektor der Zielerreichungsgrade, dessen einzelne Komponenten den Zielerreichungsgraden der einzelnen Zielfunktionen $c_k(\underline{x})$ entsprechen. Es wird dann die Summe der Einzelzielerreichungsgrade (SZG) maximiert. Bei linearen Zielfunktionen kann wiederum, entsprechend (3.14) der Lösungsvektor $\underline{x}$ unmittelbar aus einem linearen Programm errechnet werden, das die SZG maximiert:

$$\max \sum_{k=1}^{K} v_k$$

unter den Nebenbedingungen (3.21)

$$-(\underline{c}_k^T \cdot \underline{x} - f_{ok}) + (f^{ok} - f_{ok}) \cdot v_k \leq 0 \quad \text{für alle } k=1,\ldots, K$$

$$A \cdot \underline{x} \leq \underline{b}$$

$$\underline{x} \geq \underline{0}$$

$$\underline{v} \geq \underline{0}$$

dabei sind

$\underline{c}_k$ Vektor der Dimension n der Koeffizienten der k-ten Zielfunktion

$\underline{x}$ Kompromißvektor der Dimension n, der sich unter der Zielsetzung der Maximierung der SZG aller K Zielfunktionen ergibt

$\underline{v}$ Vektor der Dimension K der Zielerreichungsgrade aller K Zielfunktionen.

Die Lösung des Problems (3.21) ergibt sowohl den Vektor der Zielerreichungsgrade $\underline{v}$, als auch den Kompromißvektor $\underline{x}$. Durch die Wahl des Optimalitätskriteriums - Maximierung der SZG - liegt kein eigentlich spieltheoretischer Ansatz mehr vor, der die Gleichrangigkeit der Ziele sicherstellt. Die

Zielerreichungsgrade, die auch als sog. Nutzenfunktionen bezeichnet werden können, werden in dem gewählten Ansatz gleichgewichtig zu einer Gesamtnutzenfunktion aggregiert.

Dieser Ansatz ermöglicht die explizite Ermittlung der Zielerreichungsgrade aller Zielfunktionen. Es können auch exogene Präferenzvorstellungen für einzelne Zielfunktionen berücksichtigt werden. Dies kann durch entsprechende Festlegung der Komponenten des Vektors der Zielerreichungsgrade im System der Nebenbedingungen geschehen.

Das duale Problem

Wiederum können aus dem dualen Programm zu (3.21) Gewichtsfaktoren für die einzelnen Zielfunktionen erhalten werden, die das zu (3.21) äquivalente parametrische Optimierungsprogramm ergeben.

ALLGAIER zeigte, daß für den Ansatz - Maximierung der SZG - mit Hilfe des dualen Programms Gewichtsfaktoren für die übergeordnete Zielfunktion gewonnen werden können, deren Werte gleich den Reziprokwerten der um die Skalarminima korrigierten Skalaroptima jeder Zielfunktion sind. Es sind dabei zwei Fälle zu unterscheiden:

1.) Sind die Zielerreichungsgrade v_k für die Einzelzielfunktion gleich Null, so bleiben die Gewichtsfaktoren λ_k der übergeordneten Zielfunktion unbestimmt.

$$v_k = 0 \longrightarrow \lambda'_k = \frac{1}{f^{ok}-f_{ok}} + \gamma_k \qquad k=1,\ldots, K$$

$$\gamma_k \geq 0$$

2.) Sind die Zielerreichungsgrade v_k für die Einzelzielfunktionen größer Null, so ergibt sich für die Gewichtsfaktoren λ_k der übergeordneten Zielfunktion

$$v_k > 0 \longrightarrow \lambda'_k = \frac{1}{f^{ok}-f_{ok}} \qquad k=1,\ldots, K$$

Nach Normierung

$$\lambda_k = \frac{\lambda'_k}{\sum_{k=1}^{K} \lambda'_k} \qquad k=1,\ldots, K$$

erhält man das Bewertungssystem in der üblichen Form mit

$$\lambda_k > 0, \quad \sum_{k=1}^{K} \lambda_k = 1$$

Die Angabe von Gewichtsfaktoren für die übergeordnete Zielfunktion ermöglicht damit die Lösung des Vektormaximumproblems über das parametrische Optimierungsproblem. Die Gewichtsfaktoren sind gleich dem Reziprokwert der Differenz von Skalarmaximum und Skalarminimum für jede Zielfunktion. Es ist aber zu betonen, daß mit diesem einfachen Lösungsverfahren nur eine mögliche Lösung aus der Menge der funktional-effizienten Lösungen erhalten werden kann. Die Bedeutung dieser Lösung für das zu behandelnde praktische Problem wird noch zu untersuchen sein.

3.2 Anwendung der vektorwertigen Optimierung auf Probleme der Standortbeurteilung

Es gilt den Besetzungsvektor $\underline{x}$ für ein vorgegebenes Standortraster zu finden, d.h. die Anzahl standardisierter Anlagen (z.B. 100 MWe-Kraftwerke) an vorgegebenen Rasterpunkten bei bestmöglicher Erreichung der folgenden Zielvorstellungen:

1.) Kostenminimum für die Anlagen
2.) Minimale Schadstoffbelastung der Bevölkerung
3.) Gleichverteilung der Immission in einer Region

Diese Zielvorstellungen sollen bei Berücksichtigung der folgenden Nebenbedingungen bestmöglich erfüllt werden:

a) Individual-orientierte Umweltgütestandards (Lang- und Kurzzeitstandards) müssen an allen Orten der Region eingehalten werden
b) Mindestproduktionsniveaus der Energieerzeugung in der Region müssen erreicht werden.

Da Zielvorstellungen 2.) und 3.) ähnliche Intentionen ausdrücken, ist es hinreichend, nur eine von beiden zu berücksichtigen. Zwei alternative Ziele bilden damit den Zielkonflikt, für den die vektorwertige Optimierung Kompromißbesetzungsvektoren ergeben soll. Da die vektorwertige Optimierung nur pareto-optimale Lösungen ergibt, kann sie nur Voraussetzung bzw. Grundlage für Standortbeurteilungen sein.

Es werden Modelle vorgestellt, die die obigen Zielvorstellungen berücksichtigen (Modell 1-3), anschließend wird das Gesamtlösungsmodell beschrieben.

3.2.1 Modell Kostenminimierung (1. Modell)

Für die Wahl eines Standortes sollen erstens minimale Kosten ausschlaggebend sein. In erster Näherung können als standortspezifische Kosten angesehen werden:

1.) Kosten für Sekundärenergietransportsysteme zu den nächsten Verbrauchszentren (z.B. Überlandleitungen, Fernwärmetransportleitungen, Pipelines).

2.) Kosten für ein Kühlwassertransportsystem zum nächsten Vorfluter.

Für Kraftwerke bzw. Heizkraftwerke können die Kosten unter 1.) aufgespalten werden in Kostenanteile für
- den Stromtransport in Überlandleitungen und
- den Transport der anfallenden Kraftwerksabwärme

jeweils zum nächsten Verbrauchszentrum. Sowohl für Sekundärenergie- als auch für Kühlwassertransportsysteme wird sich ein degressiver Kostenverlauf für wachsende installierte Leistung ergeben. Es liegt damit ein nichtlineares Optimierungsproblem vor. Die nichtlineare Kostenzielfunktion ist zu minimieren bei Einhaltung von Umweltnebenbedingungen und Nebenbedingungen, die eine entsprechende Installationskapazität für Kraftwerke bzw. Heizkraftwerke zur Versorgung der nächstliegenden Verbrauchszentren sicherstellen. Es ergibt sich damit folgendes Problem:

$$\min \left\{ \sum_{\ell=1}^{p} \sum_{j=1}^{n} D_{\ell j} f_1(x_j) + \sum_{j=1}^{n} E_j f_2(x_j) \right\}$$

unter den Nebenbedingungen (3.22)

$$\sum_{j=1}^{n} T_{ij} \cdot x_j \leq b_i \qquad i=1,\ldots, m$$

$$\sum_{j=1}^{n} T1_{\ell j} \cdot x_j \geq b1_j \qquad \ell=1,\ldots, p$$

$$x_j \geq 0 \qquad j=1,\ldots, n$$

wobei

x_j Besetzungszahl des Quellpunktes j mit Standardkraftwerken bzw. Standardheizkraftwerken

$f_1(x_j)$ Kostenfunktion für Sekundärenergietransport pro Einheitsentfernung des Standortes j bei Installation von x_j Standardeinheiten

$f_2(x_j)$ Kostenfunktion für Kühlwassertransport pro Einheitsentfernung des Standortes j bei Installation von x_j Standardeinheiten

D_{lj} Matrixelement, das die Entfernung vom Ort der Energieerzeugung j zum Verbrauchszentrum l ausdrückt (l=1, ..., p; j=1, ..., n)

E_j Vektorkomponente, die die Entfernung des Ortes der Energieerzeugung j zum nächsten Vorfluter ausdrückt (j=1, ..., n)

T_{ij} Element der Umwelttransfermatrix T (m x n), das den Einfluß einer spezifischen Emission (Emission pro Besetzungszahl x_j) am Punkt j auf die Immission am Aufpunkt i beschreibt

$T1_{lj}$ Element der technischen Transfermatrix T1 (p x n), das den möglichen Beitrag eines Standardkraftwerkes bzw. Standardheizkraftwerkes zur Gesamtstrom- bzw. Gesamtwärmeversorgung des Verbrauchszentrums l beschreibt

b_i einzuhaltender Umweltgütestandard am Aufpunkt i

bl_l Mindesterzeugung an Strom bzw. an Wärme für das Verbrauchszentrum l.

Die standortspezifischen Kosten für den Standort j werden aus dem Produkt der Kostenfunktion pro Einheitsentfernung $f_1(x_j)$ bzw. $f_2(x_j)$ mit den jeweiligen Entfernungen zum nächsten Verbrauchszentrum (Kostenanteil 1.)) bzw. zum nächsten Vorfluter (Kostenanteil 2.)) erhalten.

Die ersten m Nebenbedingungen stellen die Einhaltung der Umweltgütestandards sicher. Die daran anschließenden p Nebenbedingungen sichern die Mindestenergieerzeugung für die p Verbrauchszentren bezüglich elektrischem

Strom und Wärme. Die Umwelttransfermatrix T wird bestimmt mit Hilfe von
Ausbreitungsrechnungen. Die Elemente T_{ij} dieser Transfermatrix beschreiben
den Einfluß einer Standardquelle (z.B. 100 MW_e - Kraftwerk) am Punkt jedes Quellpunktrasters auf den Punkt i des Aufpunktrasters. Die Elemente der
technischen Transfermatrix $T1_{1j}$ beschreiben den Beitrag eines Standardkraftwerkes bzw. eines Standardheizkraftwerkes am Punkt j des Quellpunktrasters
zur Strom- bzw. Wärmeerzeugung des Verbrauchszentrums 1.

Gesucht ist die Besetzungsverteilung des Quellpunktrasters mit Kraftwerksbzw. Heizkraftwerkseinheiten, die den geringsten Kostenwert ergibt. Die
Berücksichtigung des degressiven Kostenverlaufes ergibt ein Problem der
nichtlinearen Programmierung. Bei Aufspaltung der Kostenfunktion in lineare
Teilstücke, läßt sich das Problem mit Hilfe der "separablen" Programmierung
lösen /HADLEY (1969), S. 137ff./. Es ist dabei zu beachten, daß die Lösung
von konkaven Zielfunktionen über einem konvexen Lösungsraum nicht zu einem
eindeutigen globalen Optimum führt (siehe Anhang).

3.2.2 Modell minimale Bevölkerungsbelastung (2. Modell)

Zweites Ziel ist die Minimierung der gewichteten Immissionswerte x_i an den Aufpunkten i der Region bei Einhaltung der Umweltgütestandards b_i (Kurz- und Langzeitstandards) und eines Mindestproduktionsniveaus bl_ℓ in der Unterregion ℓ. Die Gewichtung ist dabei proportional zur Bevölkerungsdichte. Neben der Einhaltung der Umweltgütestandards noch eine Belastungsminimierung entsprechend der Bevölkerung zu fordern, kann wie folgt begründet werden. Umweltgütestandards berücksichtigen zwar Ergebnisse der Arbeitsmedizin, sie sind aber insgesamt das Resultat politischer Festlegungen, für die auch ökonomische Forderungen von Bedeutung sind. Umweltgütestandards stellen somit keinen Schwellwert für das Nichtauftreten von Schäden dar. Es liegt daher nahe, neben der Einhaltung von Standards für Einzelpersonen noch das Gesamtrisiko für die Bevölkerung zu minimieren /BMI-Bericht (1975), S. 96/. Bei der Standortplanung für kerntechnische Anlagen ist, zumindest in den USA, die Bevölkerungsbelastung bereits ein häufig angewandtes Vergleichskonzept (men-rem-Konzept) zur Bewertung verschiedener Standorte.

Es ergibt sich folgendes Problem:

$$\min \left(\sum_{j=1}^{m} p_i \cdot x_i \right)$$

$$x_i := \sum_{j=1}^{n} T_{ij} \cdot x_j$$

also $\min \left(\sum_{i=1}^{m} p_i \cdot \sum_{j=1}^{n} T_{ij} \cdot x_j \right)$

oder in Matrixschreibweise

$$\min \underline{p}^T \cdot T \cdot \underline{x}$$

bei Einhaltung der Nebenbedingungen (3.23)

$$\sum_{j=1}^{n} T_{ij} \cdot x_j \leq b_i \qquad \text{für alle } i = 1, \ldots, m$$

$$\sum_{j=1}^{n} Tl_{1j} \cdot x_j \geq bl_1 \qquad \text{für alle } l = 1, \ldots, p$$

$$x_j \geq 0 \qquad \text{für alle } j = 1,\ldots, n$$

wobei

p_i Gewichtung des Aufpunktes i entsprechend der Bevölkerungsdichte

x_i Immission am Aufpunkt i

Gesucht ist die Besetzungsverteilung des Quellpunktrasters mit Kraftwerks- bzw. Heizkraftwerkseinheiten, die die geringste Bevölkerungsbelastung ergibt. Da es sich sowohl bei der Zielfunktion als auch bei den Nebenbedingungen um lineare Ausdrücke handelt, kann die Optimierung mit dem bekannten Simplex-Algorithmus durchgeführt werden.

3.2.3 Modell Belastungsgleichverteilung (3. Modell)

Drittes Ziel ist die Minimierung der gewichteten Abweichungsquadrate der Immissionswerte x_i an den Aufpunkten i von dem Immissionsmittelwert xM über allen Aufpunkten bei Einhaltung der Umweltgütestandards b_i (Kurz- und Langzeitstandards) und eines Mindestproduktionsniveaus bl_ℓ. Dieser Ansatz entspricht einer Immissionsgleichverteilung entsprechend der gewählten Wichtung. Wird die Wichtung entsprechend der Bevölkerungsdichte gewählt, berücksichtigt dieser Ansatz die Minimierung der Bevölkerungsbelastung schwächer als das 2. Modell. Bei Gleichgewichtung entspricht dieses Modell in 1. Näherung der Forderung den gesamten ökologischen Haushalt einer Region gleichrangig zu berücksichtigen.

$$\min \left\{ \sum_{i=1}^{m} p_i (x_i - xM)^2 \right\}$$

mit $\quad xM := \dfrac{\sum_i x_i}{m}$

und $\quad X_i := \sum_{j=1}^{n} T_{ij} \cdot x_j$

also $\min \left\{ \sum_{i=1}^{m} p_i (X_i^2 - 2X_i \cdot xM + xM^2) \right\}$

$$= \min \left\{ \sum_{i=1}^{m} p_i \left[\left(\sum_{j=1}^{n} T_{ij} \cdot x_j \right)^2 - 2 \sum_{j=1}^{n} T_{ij} \cdot x_j \cdot \frac{\sum_{k=1}^{m} \sum_{l=1}^{n} T_{kl} x_l}{m} + \left(\frac{\sum_{k=1}^{m} \sum_{l=1}^{n} T_{kl} x_l}{m} \right)^2 \right] \right\}$$

$$= \min \left\{ \sum_{i=1}^{m} \sum_{j=1}^{n} \sum_{k=1}^{n} p_i \cdot T_{ij} \cdot T_{ik} \cdot x_j \cdot x_k - \frac{2}{m} \sum_{i=1}^{m} \sum_{j=1}^{n} \sum_{k=1}^{n} \sum_{l=1}^{n} p_i \, T_{ij} \, T_{kl} \, x_j \, x_l + \right.$$

$$\left. + \frac{1}{m^2} \sum_{i=1}^{m} \sum_{h=1}^{m} \sum_{j=1}^{n} \sum_{k=1}^{m} \sum_{l=1}^{n} p_i \, T_{hj} \, T_{kl} \, x_j \, x_l \right\}$$

oder in Matrixschreibweise

$$\min \left(\underline{x}^T T^T P T \underline{x} - \frac{2}{m} \underline{x}^T T^T K P T \underline{x} + \frac{1}{m^2} \underline{x}^T T^T K P \cdot K T \underline{x} \right)$$

$\underline{x}$ n-Vektor der Besetzungszahlen
T mxn-Matrix (Transfermatrix siehe Modell 1)
P mxm-Matrix (Diagonalmatrix der Wichtungsfaktoren)
K mxm-Matrix mit nur 1-Elementen.

Die Zielfunktion läßt sich zusammenfassen zu

$$\min (\underline{x}^T \cdot Z \cdot \underline{x}) \qquad (3.24)$$

wobei nxn-Matrix Z

$$Z = T^T P T - \frac{2}{m} T^T K P T + \frac{1}{m^2} T^T K P K T$$

unter Berücksichtigung der Restriktionen

$$T \cdot \underline{x} \leq \underline{b}$$
$$T1 \cdot \underline{x} \geq \underline{b1}$$
$$\underline{x} \geq \underline{0}$$

Es ergibt sich ein Problem der quadratischen Optimierung, das mit Verfahren von E.M.L. BEALE und von P. WOLFE/HENN-KÜNZI, (1968), S. 45ff./ lösbar ist.

3.2.4 Modell zur Errechnung von Kompromißlösungen

Modell 1 strebt die ökonomische Zielvorstellung der Kostenminimierung an, während die Modelle 2 - minimale Bevölkerungsbelastung - und 3 - Belastungsgleichverteilung - Umweltzielvorstellungen ausdrücken. Es ist hinreichend eine Umweltzielvorstellung auszuwählen, für die vorliegenden Rechnungen wurde Modell 2 gewählt. Es gilt den Besetzungsvektor $\underline{x}$ für ein vorgegebenes Standortraster zu finden, der den folgenden Zielvorstellungen gleichzeitig genügt:

- minimale Kosten für die Anlagen
- minimale Schadstoffbelastung der Bevölkerung.

Es handelt sich um zwei alternative Ziele, die in Modellen 1 und 2 beschrieben wurden. Die Forderung nach gleichzeitiger Erfüllung dieser Ziele ergibt einen Zielkonflikt. Die Lösung dieses Zielkonfliktes geschieht nicht durch ein einheitliches Modell, ähnlich Modell 1 - 3, sondern vollzieht sich in den folgenden Einzelschritten unter Zuhilfenahme bereits beschriebener Modelle.

1.) Ermittlung einer Skalierung für die Zielerreichung der einzelnen Ziele in dem Lösungsraum

2.) Ermittlung von Kompromißlösungen für die Zielerreichung der einzelnen Ziele mit verschiedenen Ansätzen

3.) Beurteilung der erhaltenen Kompromißergebnisse.

Die Skalierung (Einzelschritt 1.)) wird erhalten durch Ermittlung der günstigsten und ungünstigsten Lösungen für jede Zielfunktion in dem von dem System der Nebenbedingungen aufgespannten Lösungsraum. Bei linearen Zielfunktionen kann von der Existenz eindeutiger Optima ausgegangen werden, bei nichtlinearen Zielfunktionen lassen sich u.U. nur sog. lokale Optima erreichen (Anhang A). Die Lösungen der in Modell 1 und 2 beschriebenen Minimierungsprobleme ergeben die günstigsten Lösungen die sog. Skalarmaxima $c_1(\underline{x}^*) = f^{01}$ und $c_2(\underline{x}^*) = f^{02}$

Modell 1.)

$$\min \{D \cdot f_1(\underline{x}) + \underline{E}^T \cdot f_2(\underline{x})\} = c_1(\underline{x}^*)$$

Modell 2.)

$$\min \{\underline{p}^T \cdot T \cdot \underline{x}\} = c_2(\underline{x}^*)$$

wobei gilt

$$\underline{x} \in X, \quad X = \{\underline{x} | T \cdot \underline{x} \leq \underline{b} \wedge T1 \cdot \underline{x} \geq \underline{b1} \wedge \underline{x} \geq \underline{0}\}$$

Die ungünstigsten Lösungen, die sog. Skalarminima $c_1(\bar{\underline{x}}_1) = f_{01}$ und $c_2(\bar{\underline{x}}_2) = f_{02}$, werden aus den entsprechenden Maximumproblemen von Modell 1.) und 2.) erhalten. Die Differenzen Skalarmaximum - Skalarminimum werden auf das Intervall /0, 1/ abgebildet und auf den so erhaltenen Skalen können Zielerreichungsgrade für jede Lösung gefunden werden.

Als 2. Einzelschritt werden nun die Verfahren zur Findung von Kompromißlösungen angewandt. Die gewählten Verfahren sind:

(1) Maximierung der Summe der Zielerreichungsgrade (SZG) für die einzelnen Zielfunktionen

(2) Maximierung eines gemeinsamen Mindestzielerreichungsgrades für beide Zielfunktionen (GMZG)

Die in Kap. 3.1 allgemein entwickelten Ansätze ergeben dann für das Problem der Standortwahl die folgenden Ausdrücke:

(1) $\max (v_1 + v_2)$
bei Einhaltung der Nebenbedingungen   (3.25)

$$c_1(\underline{x}) - (c_1(\underline{x}_1^*) - c_1(\bar{\underline{x}})) \cdot v_1 \leq c_1(\bar{\underline{x}}_1)$$

$$c_2(\underline{x}) - (c_2(\underline{x}_2^*) - c_2(\bar{\underline{x}})) \cdot v_2 \leq c_2(\bar{\underline{x}}_2)$$

$$T \cdot \underline{x} \leq \underline{b}$$
$$T1 \cdot \underline{x} \geq \underline{b1}$$
$$\underline{x} \geq \underline{0}$$
$$v_1, v_2 \geq 0$$

v_1, v_2 Einzelzielerreichungsgrade

Die Lösung des Problems (3.25) ergibt sowohl die Zielerreichungsgrade v_1 und v_2, als auch den Kompromißvektor $\underline{x}$.

(2) max v
bei Einhaltung der Nebenbedingungen (3.26)

$$c_1(\underline{x}) - (c_1(\underline{x}^*) - c_1(\underline{\bar{x}})) \cdot v \leq c_1(\underline{\bar{x}}_1)$$
$$c_2(\underline{x}) - (c_2(\underline{x}^*) - c_2(\underline{\bar{x}})) \cdot v \leq c_2(\underline{\bar{x}}_2)$$
$$T \cdot \underline{x} \leq \underline{b}$$
$$T1 \cdot \underline{x} \geq \underline{b1}$$
$$\underline{x} \geq \underline{0}$$
$$c \geq 0$$

v Mindestzielerreichungsgrad

Die Lösung des Problems (3.26) ergibt sowohl den Mindestzielerreichungsgrad v, als auch den Kompromißvektor $\underline{x}$.

In den ersten Zeilen von (1) und (2) werden die Einzelzielerreichungsgrade bzw. der gemeinsame Mindestzielerreichungsgrad maximiert. Die ersten beiden Nebenbedingungen stellen jeweils sicher, daß die Einzelzielerreichungsgrade bzw. der gemeinsame Mindestzielerreichungsgrad mindestens erreicht werden. Die weiteren Nebenbedingungen bestimmen den schon bei den skalarwertigen Problemen vorgegebenen Lösungsraum.

Eine Beurteilung der verschiedenen Ansätze zur Errechnung von Kompromißlösungen für das Problem der Standortwahl von großtechnischen Anlagen (Einzelschritt 3.) setzt die Durchführung von Rechenläufen voraus (Kap.5). Es kann aber bereits aus einer vergleichenden Betrachtung der beiden Ansätze gesagt werden, daß die Maximierung der Summe der Zielerreichungsgrade auf Kosten eines einzelnen Zielerreichungsgrades geschehen kann. Der von ALLGAIER entwickelte Ansatz (1) wurde zwar aus dem rein spieltheoretischen Ansatz (2) hergeleitet, dabei ging jedoch der spieltheoretische Hauptaspekt - Bestimmung einer Strategie in Unkenntnis der gewählten Strategie des Gegenspielers - verloren. Die Zielerreichungsgrade entsprechen Nutzenfunktionen, da eine Abbildung eines Vektors $\underline{x}$ auf eine Zahl aus R^+ und zwar aus dem Intervall /0, 1/ erfolgt. Ansatz (1) entspricht einer gleichgewichtigen Aggregation der einzelnen Nutzenfunktionen zu einer übergeordneten Gesamtnutzenfunktion. Diese einfache Aggregation hat nur den Vorteil, daß die Gewichtungsfaktoren der Einzelzielfunktionen zu einer übergeordneten Gesamtzielfunktion leicht bestimmt werden können.

Ansatz (2) entspricht keiner solche einfachen Aggregation, sondern die Aggregation geschieht nach dem spieltheoretischen Konzept - Wahl der eigenen Strategie bei Unkenntnis der Strategie des Gegenspielers. Dieses Konzept stellt für das Problem Standortwahl von großtechnischen Anlagen sicher, daß eine Gleichrangigkeit der einzelnen Zielvorstellungen beachtet wird.

4. Methodik zur Erstellung der Umwelttransfermatrix

Für das im 3. Kapitel beschriebene Modell ist die Erstellung einer Transfermatrix T notwendig. Die Elemente T_{ij} der Matrix beschreiben den Einfluß einer Emission am Quellpunkt j auf die Immission am Aufpunkt i. Mit Hilfe der Ausbreitungsrechnung lassen sich die Immissionen d.h. die Schadstoffkonzentrationen an bestimmten Orten einer Region aus den Emissionen errechnen. Es wurde ein Modell gewählt, das von der Emissionsstruktur d.h. der räumlichen Anordnung der einzelnen Quellen in der Region und deren Ausstoß an Schadstoff und Wärme, den meteorologischen und den orographischen (die Reliefstruktur der Region beschreibenden) Gegebenheiten ausgeht. Da die in das Modell eingehenden Parameter nicht für die gegebene Region gemessen wurden, mußten Werte aus der Literatur verwandt werden.

In 4.1. wird die Theorie der turbulenten Ausbreitung behandelt. In 4.2. wird das Rechenmodell für die Errechnung von lokalen Immissionsverteilungen beschrieben.

4.1. Theoretische Beschreibung von turbulenten Ausbreitungsvorgängen

Die Ausbreitung luftfremder Stoffe in der Atmosphäre erfolgt durch turbulente Diffusion, deren Insensität durch die meteorologischen Bedingungen, die orographischen Verhältnisse und den Einfluß der Bodenrauhigkeit - Bebauung und Bewuchs - bestimmt ist. Die Turbulenz wird dabei in charakteristische Längen ("Scales") unterteilt

- Micro-Scale-Turbulence (Mikroturbulenz)
- Meso-Scale-Turbulence
- Makro-Scale-Turbulence (Makroturbulenz).

Diese Längen kann man z.B. als Wirbeldurchmesser deuten. Diesen charakteristischen Längen entsprechen charakteristische Zeiten /FORTAK (1972), S. 17/. Jedem Turbulenz-Scale läßt sich ein Ausbreitungsbereich zuordnen. In der Reihenfolge der o.g. Scales folgt dann

- Ausbreitungsnahbereich (<20 km)
- mittlerer Ausbreitungsbereich (20 - 400 km)
- Ausbreitungsfernbereich (>400 km).

Das Turbulenzspektrum, d.h. die Spektraldichteverteilung der kinetischen Energie der turbulenten Bewegungen, weist im Bereich der Micro- und Macro-Turbulenz eine sehr dichte und im Meso-Scale-Bereich eine geringe Energiebesetzung auf. Je weiter sich die Abgase einer Punktquelle vom Quellenursprung entfernen, umso größere Wirbel beteiligen sich an dem Ausbreitungsprozeß, d.h. um so geringere Frequenzen des Turbulenzspektrums kommen ins Spiel. Die Mikroturbulenz, die im allgemeinen durch die (vertikale) Scherung des Horizontalwindes in der atmosphärischen Grenzschicht entsteht, bestimmt zuerst die Ausbreitung im Nahbereich. Hierbei treten sehr hohe Frequenzen auf. Die Meso-Scale-Turbulence, die einmal durch lokale thermische Windsysteme, z.B. Land-Seewindzirkulationen, ebenso Berg- und Talwinde, und weiternin durch kleinräumige synoptische Phänomene, wie etwa die Strömungsverhältnisse in Wetterfronten entsteht, schließt sich dann als nicht sehr energiereicher Zwischenbereich an, was sich in nur geringen Richtungsänderungen der luftfremden Stoffe äußert. Die Makroturbulenz, die von den Hoch- und Tiefdruckgebieten verursacht wird, bestimmt dann die großräumige Ausbreitung. Im Gegensatz zur Turbulenz im Meso-Scale, die durch die verschiedensten Entstehungsursachen bedingt sein kann, kennt man die Struktur der Turbulenz im Micro- und Macro-Scale, zumindest so gut, daß Berechnungen der Ausbreitung vorgenommen werden können. Die Aussagen, die dabei gemacht werden, sind allerdings nur im Micro-Scale-Bereich quantitativer Art, während sie im Macro-Scale noch rein qualitativ bleiben müssen, d.h. man kann nur die Richtung einer Abgasfahne bestimmen. Im Meso-Scale-Bereich sind nur Extrapolationen der quantitativen Angaben des Mikro-Scale-Bereichs über 20 km hinaus wie auch Extrapolationen der qualitativen Angaben des Makro-Scale-Bereichs in den Bereich unter 400 km hinein möglich.

Diffusionsphänomene werden im allgemeinen mit Hilfe der sog. Diffusions-Transportgleichung beschrieben, die die zeitliche Änderung einer Konzentration X am Ort x,y,z angibt

$$\frac{dX}{dt} = \frac{\delta}{\delta x}(k_x \frac{\delta X}{\delta x}) + \frac{\delta}{\delta y}(k_y \frac{\delta X}{\delta y}) + \frac{\delta}{\delta z}(k_z \frac{\delta X}{\delta z}) - \bar{u} \cdot \nabla X \qquad (4.1)$$

k_x, k_y, k_z Diffusionskoeffizienten im x-,y- und z-Richtung

$\bar{u}$ mittlere Transportgeschwindigkeit

Für die Beschreibung der turbulenten Diffusion der Atmosphäre ist dieser Ansatz mit konstanten Diffusionskoeffizienten k_x, k_y, k_z nicht hinreichend. Es handelt sich hierbei um ein allgemeineres Diffusionsproblem, bei dem Diffusionskoeffizienten Funktionen der Wirbelgrößen atmosphärischer Strömungen darstellen. Die statistische Theorie der Diffusion /PASQUILL (1962), S. 10 ff/ gibt eine Darstellung allgemeiner Diffusionsvorgänge. Sei u_t die Komponente der Windgeschwindigkeit in x-Richtung gemessen im Zeitintervall t

$$u_t = \bar{u} + u_t' \qquad t = t_1, \ldots t_n$$

$\bar{u}$ ist hierbei die mittlere Geschwindigkeit während des Intervalls $T = U \sum_{i=1}^{n} t_i$ und u_t' eine Störvariable mit den Eigenschaften:

$$E(u_t') = 0 \qquad \text{für } t = t_1, \ldots t_n$$

$$E(u_t' u_{t'}') = \begin{cases} \sigma^2 & \text{für } t = t' \\ R(t,t') & \text{für } t = t' \end{cases}$$

$E(u_t')$ ist der Erwartungswert, σ^2 die Varianz und $R(t,t')$ der Autokorrelationskoeffizient der turbulenten Zusatzgeschwindigkeit u_t'. Die stochastische Komponente der Windgeschwindigkeit u_t' bewirkt z.B. für ein typisches Schadstoffteilchen eine Abweichung X. Für eine große Anzahl von Schadstoffteilchen ergibt sich dann als mittlere quadratische Abweichung $\bar{X}^2$ der folgende Ausdruck

$$\frac{\overline{dX^2}}{dt} = \overline{2X \frac{dX}{dt}} = 2\overline{X \cdot u'}$$

$$= 2 \int_0^t \overline{u'(t) \cdot u'(t+\xi)} \, d\xi \qquad (4.2)$$

Bei Einführung des Lagrange Autokorrelationskoeffizienten

$$R_L(\xi) = \overline{u'(t) \cdot u'(t+\xi)} / \overline{u'^2} \qquad (4.3)$$

ergibt sich

$$\frac{\overline{dX^2}}{dt} = 2\overline{u'^2} \int_0^t R_L(\xi) \, d\xi$$

und daraus

$$\overline{X^2} = 2\overline{u'^2} \int_0^T \int_0^t R_L(\xi) \, d\xi \, dt \qquad (4.4)$$

X ist die Abweichung eines Teilchens während der Zeit T. Der Langrange Autokorrelationskoeffizient bezieht sich auf das mit den ausbreitenden Teilchen gegebene Bezugssystem, für ein anderes Bezugssystem z.B. ein im Raum fixiertes das sog. Eulersche, ergibt sich der Korrelationskoeffizient $R_E(t)$. Beobachtungen atmosphärischer Ausbreitung zeigen, daß die Lagrangsche Korrelation viel langsamer abfällt, als die Autokorrelation von Geschwindigkeitskomponenten, die an einem festen Punkt gemessen werden. HAY und PASQUILL machten daher die einfache Annahme

$$R_L(\xi) = R_E(t) \qquad \text{wenn} \quad \xi = \beta t, \; \beta > 0 \qquad (4.5)$$

Die oben erwähnte Tatsache, daß charakteristische Turbulenzlängendimensionen charakteristische Turbulenzzeitdauerdimensionen zugeordnet werden können und umgekehrt, kann auch in der Autokorrelationsfunktion durch Übergang von der unabhängigen Variablen t auf die abhängige Variable x ausgedrückt werden

$$R(t) = R(x) \quad \text{wenn} \; x = ut \qquad (4.6)$$

R(x) drückt die Korrelation von stochastischen Geschwindigkeitskomponenten für verschiedene Raumkoordination x aus.

R(t) ist für R(0) = 1 und für genügend kleine Zeiten ebenfalls $\sim$ 1. Damit folgt für kleine Zeiten t

$$\overline{x^2(t)} \approx \overline{u'^2} \cdot t^2 \qquad (4.7)$$

Für große Zeiten strebt R(t) gegen Null und das Integral über R(t) gegen einen konstanten Wert K. Es ergibt sich

$$\overline{x^2(t)} \approx 2Kt \qquad (4.8)$$

Aus R(t) läßt sich eine typische Zeitkonstante t_L errechnen

$$t_L = \int_0^\infty R(\xi) \, d\xi \qquad (4.9)$$

Ist die betrachtete Diffusionszeit groß im Vergleich zu t_L, so kann die Diffusionstheorie mit konstanten Diffusionskoeffizienten (Ficksche Theorie) angewandt werden. Diese Forderung ist für den Bereich der Micro-Scale-Turbulence bei Mittelungszeiten von 30 - 60 Minuten hinreichend gut erfüllt, da die Autokorrelationsfunktion in dieser Zeit meist einen ersten steileren Abfall beendet hat. Ein einfacher aus der Fickschen Theorie herleitbarer Ansatz führt hier schon zu befriedigenden Ergebnissen.

Die Autokorrelationsfunktion ist durch folgende Beziehung mit dem Turbulenzspektrum F(n) d.h. der Spektralverteilung der turbulenten Bewegungen verbunden

$$R(t) = \int_0^\infty F(n) \cos(2\pi n t) \cdot dn \qquad (4.10)$$

Rücktransformation ergibt

$$F(n) = 4 \int_0^\infty R(t) \cos(2\pi n t) \cdot dt \qquad (4.11)$$

Ist daher R(t) bekannt, so kann F(n) berechnet werden oder umgekehrt. Die Kenntnis von F(n) ist besonders interessant, da der Verlauf dieser Funktion zeigt, welche kinetischen Energien bei der turbulenten Diffusion eine besondere Rolle spielen. Bei Kenntnis von F(n) kann außerdem der Einfluß einer endlichen Mittelungszeit t sowie einer endlichen Gesamtbeobachtungszeit T bei der Interpretation von turbulenten Ausbreitungsvorgängen abgeschätzt werden. So kann die mittlere quadratische Abweichung $\overline{x^2(t)}$ auch mittels des Turbulenzspektrums F(n) ausgedrückt werden.

$$\overline{x^2(t)} = \overline{u'^2} \cdot t^2 \int_0^\infty F(n) \cdot \frac{\sin^2(\pi n t)}{(\pi n t)^2} \, dn \qquad (4.12)$$

Der Term $\sin^2(\pi n t)/(\pi n t)^2$ drückt den Einfluß der endlichen Mittelungszeit t aus. Je größer t wird um so kleiner wird der Einfluß schneller Änderungen (hoher <u>Frequenzen</u>) n. Bei endlicher Gesamtbeobachtungszeit T modifiziert sich $\overline{x^2(t)}$ um einen zusätzlichen Term, der den Einfluß langsamer Änderungen n reduziert

$$\overline{x^2(t)} = \overline{u'^2} \cdot t^2 \int_0^\infty F(n) \cdot \left\{ \left[1 - \frac{\sin^2(\pi n T)}{(\pi n T)^2} \right] \cdot \frac{\sin^2(\pi n t)}{(\pi n t)^2} \right\} \cdot dn \qquad (4.13)$$

Für große T geht (4.12) in (4.11) über.

Die statistische Theorie der turbulenten Diffusion, die eine gute Beschreibung von turbulenten Ausbreitungsphänomen gibt, läßt sich nicht unmittelbar für konkrete Ausbreitungsrechnungen verwenden, da z.B. solche Größen wie der Lagrange Autokorrelationskoeffizient $R_L(t)$ keine unmittelbar meßbare Größe darstellt. Beobachtungen des Turbulenzspektrums sind zwar möglich, der Übergang vom Eulerschen zum Langrangeschen Bezugssystem ist aber mit Schwierigkeiten verbunden. Die statistische Theorie der Turbulenz macht es jedoch möglich, abzuschätzen, wann ein auf der Fickschen Diffusionstheorie mit konstanten Koeffizienten beruhender Ansatz als Näherung anwendbar ist, obwohl die turbulente Diffusion keine Ficksche Diffusion darstellt. Diese Näherung wird immer dann hinreichend sein, wenn das Turbulenzspektrum bei niedrigen Frequenzen scharf abgefallen ist. Diese Bedingung liegt für den Mikroturbulenzbereich nach einem Zeitraum von einigen Minuten bereits vor. Ein Berich sehr hochfrequenter Wirbel hat dann bereits die Ausbreitung beeinflußt. Die dann durch die Mikroturbulenz bewirkte Ausbreitung läßt sich physikalisch wie die molekulare Diffusion auffassen, der Diffusionskoeffizient ist allerdings um 5 - 6 Größenordnungen größer. Die durch eine Punktquelle verursachte Konzentrationsverteilung läßt sich dann durch Normalverteilungen beschreiben mit Streuungen σ_x,

σ_y und σ_z für die verschiedenen Koordinatenrichtungen. Bei kontinuierlichen Punktquellen, die meistens betrachtet werden, wird die turbulente Diffusion in Richtung des mittleren Windes (z.B. x-Richtung) als klein vernachlässigt im Vergleich zu der Advektion durch den mittleren Wind selbst d.h. $\sigma_x=0$. Die Streuungen σ_y und σ_z werden aus Diffusionsexperimenten bestimmt. Wichtige Voraussetzung für den Ansatz sind Stationarität und die horizontale Homogenität der meteorologischen Parameter $\bar{u}$, σ_y und σ_z. Unter diesen Voraussetzungen kann das Konzentrationsfeld, welches von einer momentanen oder einer kontinuierlichen punktförmigen Quelle erzeugt wird, berechnet werden. Dabei müssen folgende Größe bekannt sein:

- die Quellstücke in /g·sec^{-1}/ bzw. /Ci·sec^{-1}/ im Falle einer kontinuierlichen Quelle

- die "effektive" Höhe der Quelle über dem Erdboden d.h. diejenige Höhe, die sich aus der physikalischen Quellhöhe zuzüglich eines Betrages, der von der emittierten Wärme, der Windgeschwindigkeit und der vorherrschenden Stabilitätsklasse abhängt - der sog. Überhöhung - ergibt.

- die mittlere Verweildauer des Schadstoffs, die die Umwandlung durch chemische und photochemische Reaktionen sowie die Ablagerung am Erdboden pauschal berücksichtigt.

- die meteorologischen Parameter: $\bar{u}$, die über Vertikale und über die Zeit gemittelte Geschwindigkeit des Horinzontalwindes, sowie $\sigma_y(x)$ und $\sigma_z(x)$, die Streuungen der Normalverteilungen.

Zwischen den Streuungen σ_y und σ_z und den turbulenten Diffusionskoeffizienten k_y und k_z (Gl. 4.1) bestehen die folgenden Beziehungen

$$2k_y \frac{x}{\bar{u}} = \sigma_y^2 \qquad 2k_z \frac{x}{\bar{u}} = \sigma_z^2 \qquad (4.14)$$

wobei x die mit der Reisezeit t wachsende Quelldistanz ist ($x = \bar{u} \cdot t$).
Nur wenn

$$\sigma_y \sim x^{0.5} \qquad \sigma_z \sim x^{0.5}$$

ist, liegt exakt die mit konstanten Diffusionskoeffizienten k_i (i = {x,y,z}) zu beschreibende Ficksche Diffusion vor.

Für die praktische Ausbreitungsrechnung erweist sich die aus der folgenden binormalen Formel ergebende Konzentrationsverteilung $\chi(x,y,z)$ als nützlich:

$$\chi(x,y,z) = \frac{Q(x',y',H)}{2\pi \bar{u} \sigma_y (x-x') \cdot \sigma_z (x-x')} \cdot \exp\left(-\frac{(y-y')^2}{2\sigma_y^2}\right) \qquad (4.15)$$

$$\cdot \left\{ \exp\left(-\frac{(z-H)^2}{2\sigma_z^2}\right) + \exp\left(-\frac{(z+H)^2}{2\sigma_z^2}\right) \right\} \cdot \exp\left(-\frac{(x-x')/\bar{u}}{\tau}\right)$$

Q   Quellstärke (ug/sec)
u   Windgeschwindigkeit (m/sec)
H   "effektive" Emissionshöhe (m)
σ_y Ausbreitungsparameter für die horinzontale Ausbreitung senkrecht zur Windrichtung (m)
σ_z Ausbreitungsparameter für die vertikale Ausbreitung senkrecht zur Windrichtung (m)
τ mittlere Verweildauer des Schadstoffs in der Atmosphäre (sec)

Der Ansatz berücksichtigt neben dem Abtransport des Schadstoffs durch Wind die turbulente Diffusion in horizontaler und vertikaler Richtung jeweils senkrecht zur Windrichtung. Der Summenausdruck mit den Verteilungstermen in z-Richtung drückt für einen Punkt (x,y,z) den Immissionsanteil durch Diffusion von Quelle zu Aufpunkt und den Anteil durch die Reflexion des Schadstoffs am Boden aus. Die Ablagerung des Schadstoffs am Boden, sowie die Umwandlung durch chemische und photochemische Reaktionen wird durch die Einführung einer mittleren Verweildauer des Schadstoffs berücksichtigt.

Der Turbulenzzustand der Atmosphäre wird durch verschiedene Klassen der Ausbreitungsparameter σ_y und σ_z ausgedrückt. Die Intensität der Turbulenzen im Ausbreitungsraum bestimmen die Geschwindigkeit, mit der die horizontale und vertikale Verdünnung von Schadstoffen in der Luft erfolgt. Hohe Windgeschwindigkeit und labile vertikale Temperaturschichtungen verursachen hohe Intensität der Turbulenz. Labile Temperaturschichtung liegt vor, wenn die Temperatur mit der Höhe stärker als adiabatisch, d.h. stärker als etwa $1°$ je 100 m abnimmt. Umgekehrt wird die Ausbildung von Turbulenzen behindert, wenn die Temperatur nur schwach mit der Höhe abnimmt oder gar zunimmt. Im letzteren Fall liegen Inversionen vor, bei denen die vertikale Durchmischung sehr gering ist. Man spricht von stabiler Temperaturschichtung. Die vertikale Temperaturschichtung wird vorwiegend bestimmt durch die großräumige Wetterlage, durch die Intensität der Sonneneinstrahlung und durch die Wärmeabstrahlung vom Boden. Daher weist die Turbulenzintensität einen deutlichen Tages- und Jahresgang auf. Es ist üblich, den Turbulenzzustand nach sechs Stabilitätsklassen zu klassifizieren, z.B. Einteilung nach /PASQUILL (1961), S. 207 ff./ oder /KLUG (1969), S. 144 ff./. Regional unterschiedliche Jahres- bzw. Halbjahresstatistiken für die Häufigkeit von Stabilitätsklassen dienen als Grundlage von Ausbreitungsrechnungen, die die Herleitung von Immissionen zum Ziel haben. Außer mit dem Turbulenzzustand der Atmosphäre ändern sich die Ausbreitungsparameter σ_y und σ_z mit der Zeitdauer der Mittelungsintervalle, für die die Immission abgeschätzt wird, und der Entfernung von Quelle zu Aufpunkt. Die Parameterwerte können aus Diagrammen, z.B. von /PASQUILL (1961), S. 209/ als Funktionen der Entfernung Quelle-Aufpunkt entnommen werden. Der Entfernungsbereich erstreckt sich von 100 m < x < 100 km, reicht also bis in den Meso-Scale hinein. Es muß betont werden, daß es sich im Bereich x > 20 km um sehr vage Extrapolationen handelt. In Kap. 4.2 wird ein Verfahren skizziert, wie man ein auf dem Ansatz (4.15) beruhendes Modell auf den Meso-Scale-Bereich erweitern kann. Berechnung der Ausbreitung im Nahbereich kann unmittelbar mit Ansatz (4.15) durchgeführt werden. Die berechneten Konzentrationen unterscheiden sich von den tatsächlich gemessenen im Mittel um einen Faktor von etwa 2. Diese Abweichungen können dadurch erklärt werden, daß in den meisten Fällen die vorgenannten Voraussetzungen wie Stationarität und horizontale Homogenität der meterologischen Parameter usw. nicht erfüllt sind.

4.2. Modell für die Errechnung von lokalen Immissionsverteilungen

Die Immissionen einer Region werden durch die Emissionsstruktur und durch die meteorologischen und orographischen Gegebenheiten bestimmt. Sowohl die Emissionen als auch die meteorologischen Größen (Windgeschwindigkeit, Windrichtung, Stabilität der atmosphärischen Schichtung und Obergrenzen der Ausbreitung) haben stochastischen Charakter. Bei den Emissionen kann aber in erster Näherung von Jahres- bzw. Halbjahresmittelwerten bei fiktivem Dauerbetrieb der Anlagen ausgegangen werden. Die Meteorologie wird durch 432 Kombinationen von 12 Windrichtungen, 6 Windgeschwindigkeiten und 6 Stabilitätsklassen der atmosphärischen Schichtung für je ein Sommer- und Winterhalbjahr beschrieben /NESTER (1972),s. Anhang/. Mit Hilfe eines Ansatzes ähnlich (4.15) wird dann die Ausbreitung der Schadstoffe in der Region "Nördlicher Oberrhein" errechnet. Dieser Ansatz wird für alle Großemittenten der Region (Punktquellen) und auch für die Emissionen aus Hausbrand und Kleinverbrauch (Flächenquellen) verwandt. Die erhaltenen Immissionen werden in einem vorgegebenen Aufpunktraster aufaddiert. Diese Rechnung wird für alle 432 meteorologischen Kombinationen durchgeführt. Jede meteorologische Kombination trägt dann entsprechend ihrer Auftretenshäufigkeit zur Immission an den Aufpunkten bei. Die berechneten Immissionen stellen Gleichgewichtswerte der Schadstoffkonzentrationen für den stationären Fall bei der entsprechenden Wetterlage dar. Mit diesen Gleichgewichtswerten wird entsprechend der Wetterstatistik eine Immissionsstatistik für jeden Punkt des Aufpunktrasters erstellt. Diese Immissionsverteilungen können dann bezüglich Erwartungswert (= Langzeitimmission) und bezüglich eines höheren Fraktilwertes (z.B. 95 %-Fraktil = Kurzzeitimmission) ausgewertet werden.

Da die Windrichtungsstatistik von 30°-Sektoren ausgeht, ergibt die Berechnung der horizontalen Diffusion innerhalb eines 30°-Sektors ein ausgeprägtes Maximum auf der 30°-Sektor-Mittellinie und dies besonders bei stabilen Schichtungen mit kleinen σ_y-Werten. Für große Entfernungen vom Quellpunkt verstärkt sich die Ausprägung dieses Maximums. Um diesen Effekt zu vermeiden, ist eine feinere Unterteilung der Windrichtungssektoren notwendig. /FORTAK (1972),S. 37/ schlägt 2°-Windrichtungssektoren vor. Diese führen zu sehr hohen Rechenzeiten. Kontrollrechnungen ergaben, daß es hinreichend ist, zwischen den mittleren Immissionswerten der 30°-Sektoren zu interpolieren. Dies kann auch aus Abb.4.1 ersehen werden, die die Ausbreitungsparameter

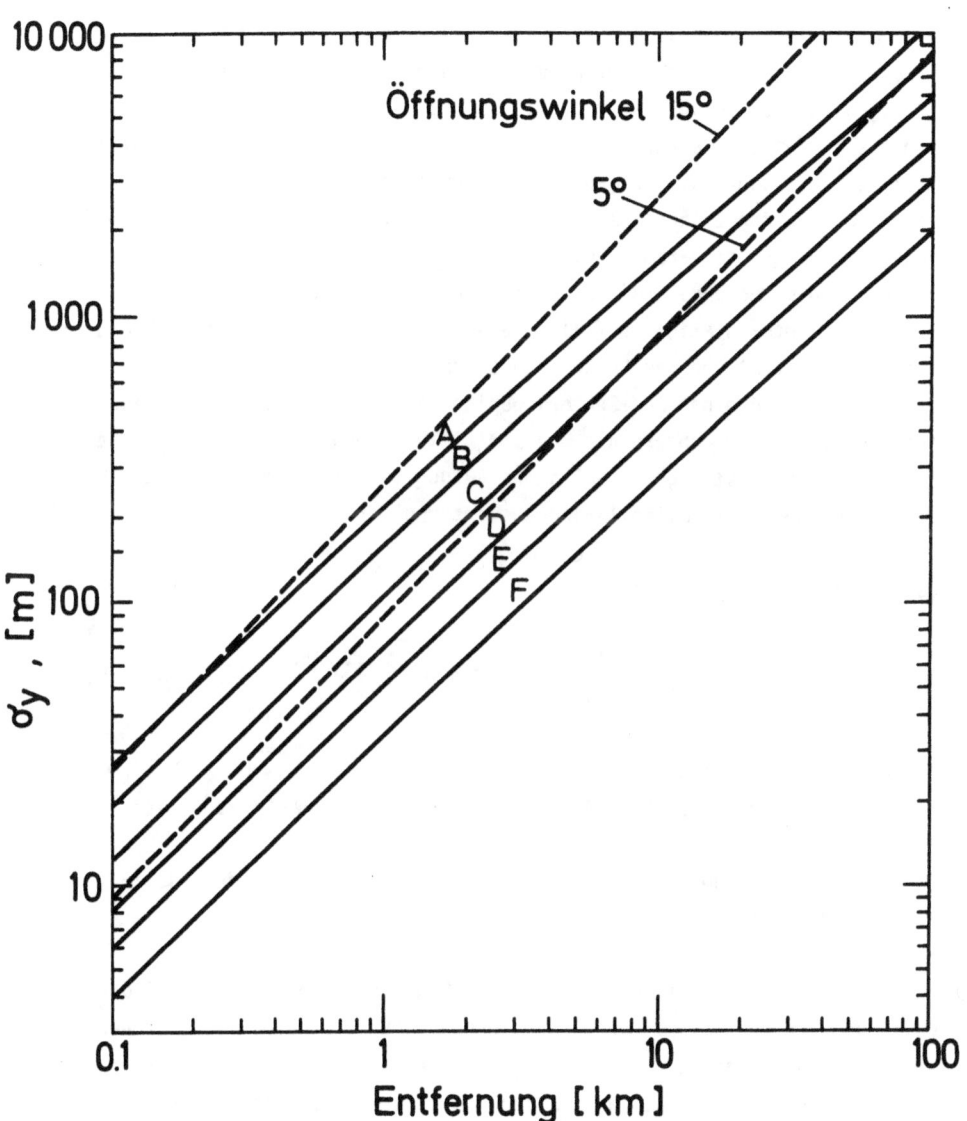

Abb. 4.1 Horizontale Dispersionskoeffizienten als Funktion der Quellentfernung

σ_y in Abhängigkeit der Stabilitätsklasse der atmosphärischen Schichtung
(A ... F) als Funktion der Entfernung von der Quelle und weiterhin die
Öffnungswinkel eines 30° und eines 10° Sektors (je 15° und 5° von der Sektormittellinie aus) zeigt. Der 30°-Sektor schließt die σ_y-Werte für alle
Stabilitätsklassen ein. Für größere Entfernungen ergibt die Gleichverteilung im 30°-Sektor allerdings niedrigere Konzentrationswerte als Rechnungen mit Diffusionsparametern, da die den Öffnungswinkeln von Kreissegmenten entsprechende Steigung steiler ist als die der σ_y-Werte.
Durch diese Interpolation entfällt die Berechnung der y-Diffusion. Die
Interpolation geht von den Annahmen aus, daß die Änderung der Windverteilung innerhalb eines 30°-Sektors gering ist und daß die y-Diffusion
eines 30°Sektors auf andere als die unmittelbar benachbarten 30°-Sektoren
vernachlässigbar ist. Der Anteil jedes Aufpunktes wird von den beiden ihn
einschließenden Sektormittellinien aus interpoliert.

Aus Formel (4.15) wird dann (4.16)

$$\chi(x,y,z) = \frac{Q \cdot (y4-y3)/y4}{\sqrt{2\pi} \cdot \sigma_z \cdot \bar{u} \cdot \frac{\pi}{6} \cdot r} \cdot \left\{ \exp\left(-\frac{(z-H)^2}{2\sigma_z^2}\right) + \exp\left(-\frac{(z+H)^2}{2\sigma_z^2}\right) \right\}$$

$$\cdot \exp\left(-\frac{r/\bar{u}}{\tau}\right)$$

r Abstand Quellpunkt zu Aufpunkt   / m /
y4 Abstand zwischen zwei Sektormittellinien auf dem Kreis um den
   Quellpunkt mit Radius r   / m /
y3 Abstand Aufpunkt-Sektormittellinie auf dem Kreis um den Quellpunkt mit Radius r   / m /

Bei Berechnungen von Immissionen im Mesco-Scale-Bereich (>20 km) muß die
Auswirkung des Einflusses der Ausbreitungsobergrenzen berücksichtigt werden. Solche Obergrenzen werden durch stabilere atmosphärische Schichten
bestimmt, die sich oberhalb unstabileren befinden. Eine Temperaturinversion in einer bestimmten Höhe D weist auf eine solche stabile Schichtung hin, die den Schadstofftransport nach oben unterbindet. Nach einer gewissen Entfernung x_D wird in der Schicht $0 < z < D$ eine vertikale Gleichverteilung der Konzentration eingetreten sein /TURNER(1970), S. 10/. Eine Verdünnung
der Konzentration mit zunehmender Quelldistanz kann dann nur noch durch horizontale Diffusion eintreten. Für x > 20 km ist sicher schon die Entfernung erreicht, in welcher nach der Theorie $\sigma_y(x)$ und $\sigma_z(x)$ sich proportional

$x^{0.5}$ ändern, d.h. in welcher sich die turbulente Diffusion physikalisch wie die molekulare benimmt. Es sind Wirbel aller möglichen Größen in den Ausbreitungsprozeß einbezogen, die Langrangesche Autokorrelationsfunktion für die turbulenten Geschwindigkeitskomponenten ist auf Null abgefallen. In Experimenten wird jedoch eine stärkere Verdünnung der Schadstoffkonzentration beobachtet, als einem Anwachsen von σ_y und σ_z mit $x^{0.5}$ entspricht. Als Ursache hierfür kann angenommen werden, daß die Voraussetzungen der Instationarität sowie der horizontalen Homogenität der meteorologischen Bedingungen mit wachsender Entfernung immer schlechter erfüllt sind. Im Meso-Scale-Bereich kann daher im Mittel $\sigma_y \sim x^{0.8}$ angenommen werden. Die im angewandten Modell durchgeführte Gleichverteilung in 30°-Sektor, die einer Konzentrationsabnahme proportional x bzw. r entspricht, ergibt daher eine Unterschätzung der Konzentrationen für größere Entfernungen. Die σ_z-Werte werden auch für größere Entfernungen entsprechend der thermischen Schichtung unterschieden. Für jede Stabilitätsklasse ergibt sich daher eine typische Entfernung ab der Gleichverteilung der Schadstoffe angenommen werden kann. Im Rechenmodell wird jeweils eine Entfernung x_D errechnet, für die sich an der Ausbreitungsobergrenze D ein Zehntel des Konzentrationswertes an der Rauchfahnenachse ergibt. Bis Entfernung x_D wird mit Ansatz (4.16) gerechnet, ab Entfernung $2\,x_D$ wird Gleichverteilung zwischen Boden und Ausbreitungsobergrenze D angenommen.

$$\chi(x,y,z) = \frac{Q \cdot (y4 - y3)/y4}{\bar{u} \cdot D \cdot \frac{\pi}{6} \cdot r} \cdot \exp\left(-\frac{r/\bar{u}}{\tau}\right) \qquad (4.17)$$

Im Bereich von x_D bis $2\,x_D$ wird eine logarithmische Interpolation der Grenzwerte $\chi(x_D)$ und $\chi(2x_D)$ durchgeführt.

Als tatsächliche Emissionshöhe H_{eff} des Schadstoffs wird die physikalische Schornsteinhöhe H zuzüglich eines Betrages, der von der emittierten Wärme, der Windgeschwindigkeit und der vorherrschenden Stabilitätsklasse abhängt - die sog. Überhöhung H' - angenommen

$$H_{eff} = H + H' \qquad (4.18)$$

Für die Ermittlung von H' wurden Ansätze von /BRIGGS (1969), S. 57 ff./ verwandt. Bei stabiler atmosphärischer Schichtung wird eine von der Entfernung Quelle-Aufpunkt unabhängige Überhöhung beobachtet

$$H' = 2.9 \cdot \left(\frac{F}{\bar{u} \cdot S} \right)^{1/3} \qquad (4.19)$$

$$F = \frac{g \cdot Q_H}{\pi \cdot c_p \cdot \varrho \cdot T} = 3.7 \cdot 10^{-5} \left[\frac{m^4/sec^3}{cal/sec} \right] \cdot Q_H \quad \text{Parameter des Auftriebsflusses}$$

Q_H Wärmeemission /cal/sec/

$$S = \frac{g}{T} \frac{\partial \theta}{\partial z}$$

θ potentielle Temperatur

Bei labiler und neutraler atmosphärischer Schichtung ergibt sich eine von der Entfernung Quelle-Aufpunkt abhängige Oberhöhung

$$H' = 1.6 \cdot \frac{F^{1/3} \cdot (x-x')^{2/3}}{\bar{u}} \qquad \text{für } (x-x') \leq (x^*-x') \qquad (4.20)$$

$$H' = 1.6 \cdot \frac{F^{1/3} \cdot (3x^*-x')^{2/3}}{\bar{u}} \qquad \text{für } (x-x') > (x^*-x')$$

$$x^* = 2.16 \left[\frac{sec^{6/5}}{m^{6/5}} \right] \cdot F^{2/5} \cdot H^{3/5}$$

Für x^* ergeben sich Werte von einigen 100 Metern bis zu einigen Kilometern. Der Ausdruck für Entfernungen $(x-x') > (x^*-x')$ ist eine Näherung für große Entfernungen.

Das vertikale Windgeschwindigkeitsprofil folgt meist einem Potentansatz /NESTER(1972), s. S. 6/. Der Exponent p_j ist dabei eine Funktion der atmosphärischen Stabilitätsklasse j, wobei p_j von labilen Schichtungen ($p_j \sim 0.04$) zu stabilen hin ($p_j \sim 0.5$) anwächst. Es muß oft noch eine Nullpunktverschiebung z_1, wie sie durch Bebauung oder größere Waldflächen verursacht sein kann, berücksichtigt werden.

$$u(z) = u(z_0) \cdot \left(\frac{z - z_1}{z_0 - z_1} \right)^{p_j} \qquad z > z_1 \qquad (4.21)$$

$u(z_0)$ Windgeschwindigkeit in Bezugsanemometerhöhe z_0
z_1 Nullpunktsverschiebung
p_j von atmosphärischer Stabilitätsklasse j abhängiger Exponent

Für die Rechnungen wird eine über die effektive Emissionshöhe H_{eff} gemittelte Windgeschwindigkeit verwandt.

$$\bar{u}_j = \frac{1}{H_{eff}} \cdot u(z_0) \cdot \int_0^{H_{eff}} \left(\frac{z-z_1}{z_0-z_1}\right)^{p_j} dz \qquad (4.22)$$

$$\bar{u}_j = \frac{u(z_0)}{H_{eff} \cdot (p_j+1)} \cdot \frac{(H_{eff}-z_1)^{p_j+1}}{(z_0-z_1)^{p_j}}$$

Bei den Berechnungen der Immissionen aus Hausbrand- und Kleinidustrieemissionen wurde die Vielquellenverteilung mit vier Quellpunkten pro 1 km^2-Rasterfläche angenähert. Rechnungen mit mehr als vier Quellpunkten führten zu ähnlichen Ergebnissen. Auf die Errechnung von Überhöhungen wurde für diesen Fall verzichtet. Als Emissionshöhe wurde für städtische Gebiete 20 m für Hochhausbebauung 40 m und für Gebiete mit einstöckigen Bauten 15 m angenommen.

Ziel der Rechnungen sind Immissionsverteilungen für jeden Punkt des Rasters. Diese Verteilungen können entsprechend des Erwartungswertes ausgewertet werden, dies entspricht dem Langzeitimmissionswert. Auch Kurzzeitimmissionswerte d.h. hohe Schadstoffkonzentrationen, die nur für kurze Zeit z.B. einige Stunden vorliegen, können aus den Immissionsverteilungen erhalten werden. Nach /TA-Luft(1974),S. 22/ wird als typischer Kurzzeitwert der 95 %-Wert der Verteilungsfunktion definiert d.h. dieser Wert liegt nur zu 5 % der Zeit eines typischen Jahres vor bzw. wird während dieser Zeit überschritten. Die Rechnungen wurden mit den beiden Programmen IMMKO und SORT durchgeführt. Das Programm IMMKO berechnet

1.) die Immissionen für alle 432 meteorologischen Kombinationen an allen Aufpunkten (z.B 288) und speichert diese Werte auf einen externen Datenträger
2.) die Erwartungswerte der Immissionen für das gesamte Aufpunktraster.

Das Programm SORT führt für jeden Aufpunkt eine Sortierung der von IMMKO errechneten Immissionswerte nach anwachsenden Werten durch, bildet die Histogramme der Verteilungsfunktionen für jeden Aufpunkt und bestimmt vorzugebende Fraktilwerte. Es ermöglicht die Ausgabe von

1.) Immissionsverteilungshistogrammen an bestimmten Aufpunkten
2.) Fraktilwerten der Immission für das gesamte Raster.

Das Programm LEVLOC leistet die graphische Ausgabe von Isolinien der Immission über dem Aufpunktraster.

Als meteorologische Eingangsdaten wurden Messungen am 200-m-Mast des Kernforschungszentrums Karlsruhe verwandt /NESTER (1972), s.Anhang/. Es handelt sich dabei um eine Fortführung der statistischen Auswertungen der Windmessung aus den Jahren 1968/69 um ein weiteres Jahr. Die erhaltenen Häufigkeitsverteilungen der Stabilitätsklassen für das Sommer- (Mai bis Oktober) und das Winterhalbjahr (November bis April) beruhen auf einer Auswertung der Höhenabhängigkeit der Windstärke. Im Sommerhalbjahr liegen die labilen Ausbreitungsklassen (PASQUILL A, B und C) zu 31 % vor, die "neutrale" Klasse (D) zu 35 % und die stabilen Klassen (E und F) zu 34 %; im Winter ergeben sich entsprechende Werte zu 15 %, 48 % und 37 %. Die erhöhte Häufigkeit der labilen Klassen im Sommer ist durch die intensivere Sonneneinstrahlung bedingt. Zu jeder Jahreszeit herrschen labile und neutrale Schichtungen während des Tages und stabile während der Nacht. Daten über Höheninversionen wurden einer Arbeit von /KLEISS (1963), S. 14 ff./ entnommen. Diese Arbeit vergleicht Ergebnisse von Radiosondenaufstiegen in Stuttgart mit Messungen von Flugzeugaufstiegen in Karlsruhe. Wesentliches Ergebnis dieser Arbeit ist, daß Höheninversionen meist großräumige horizontale Ausdehnung haben, d.h. im Neckartal und im Oberrheintal gleichzeitig vorliegen.

Für die vertikalen Ausbreitungsparameter σ_z wurden die von /PASQUILL (1961), S. 209/ vorgeschlagenen Werte benutzt. Die Ausbreitungsparameter werden für jede Ausbreitungsklasse für mehrere Entfernungsintervalle (Quelle-Aufpunkt) näherungsweise durch Potenzfunktionen beschrieben. Für die mittlere Verweildauer des Schadstoffs in der Atmosphäre wird in bereits verunreinigter Atmosphäre (innerhalb Ballungsräumen) ein Zeitraum von 6 Stunden, in weniger verunreinigter Atmosphäre (zwischen Ballungsräumen) ein Zeitraum von 24 Stunden angenommen. Diese Annahmen orientieren sich an Aussagen von /JUNGE (1960)/, und /WEBER (1970)/. Diese Autoren bestätigen, daß die Verweilzeit eine Funktion der vorhandenen Schadstoffkonzentration ist.

5. Beispielhafte Modellrechnungen

In diesem Kapitel werden Ergebnisse von Modellrechnungen für ökologisch-ökonomische Analysen vorgestellt. Modellregion ist jeweils die Region "Nördlicher Oberrhein", d. h. das Oberrheintal von Mannheim im Norden, bis Straßburg/Kehl im Süden. Im einzelnen handelt es sich um die Ergebnisse der folgenden in den Kap. 2 und 3 theoretisch konzipierten Modelltypen:

- des Ausbreitungsmodells (Kap. 5.1)
- des Umweltplanungsmodells, das kostenoptimale Lösungen bezüglich Standortwahl und Betriebsweisen von energieerzeugenden Anlagen errechnet (Kap. 5.2)
- des Umweltplanungsmodells, das Kompromisse für unterschiedliche Zielvorstellungen zu errechnen gestattet und das Aussagen über die erhaltenen Zielerreichungsgrade ermöglicht (Kap. 5.3).

Bei den Ergebnissen der Ausbreitungsrechnungen in Kap. 5.1 handelt es sich einmal um Analysen des augenblicklichen Zustandes und darüber hinaus um Projektionen möglicher Alternativplanungen; weiterhin wird im Kap. 5.1 die Sensitivität der Ergebnisse des Ausbreitungsmodells auf Parametervariationen untersucht. Die Ausbreitungsrechnungen sind Teil einer vom Ministerium für Wirtschaft, Mittelstand und Verkehr Baden-Württemberg vergebenen Auftragstudie mit dem Titel "Energie und Umwelt in Baden-Württemberg" /FAUDE u.a. (1974), S. 106ff./.

In Kap. 5.2 werden kostenoptimale Lösungen bezüglich Standortwahl und Betriebsweisen von energieerzeugenden Anlagen aufgezeigt. Es müssen dabei einmal Immissionsstandards entsprechend Normalgebiet und darüber hinaus entsprechend Reinluftgebiet /TA-Luft (1974), S. 22/ eingehalten werden. Der Einfluß von Veränderungen der Brennstoffentschwefelungskosten auf das Ergebnis wird untersucht.

In Kap. 5.3 wird versucht, für die Standortwahl von energieerzeugenden Anlagen, Kompromisse bezüglich ökologischer und ökonomischer Zielvorstellungen zu erhalten. Zwei Rechenverfahren für sog. funktional effiziente Lösungen werden untersucht. Die Ergebnisse werden bezüglich der praktischen Verwendungsmöglichkeiten verglichen.

5.1 Ergebnisse der atmosphärischen Ausbreitungsrechnungen

5.1.1 Modellregion und Ausgangsdaten

Die Ausbreitungsrechnungen wurden für die Modellregion "Nördlicher Oberrhein" durchgeführt, d. h. für den Teilbereich des Oberrheintales von Mannheim im Norden, bis Straßburg/Kehl im Süden. Dieses Gebiet kann in erster Näherung als ökologisch abgeschlossene Region mit ähnlichen meteorologischen Gegebenheiten angesehen werden; die in Karlsruhe gemessene Ausbreitungsstatistik kann somit für die ganze Region angewandt werden. In den Modellrechnungen wird diese Region durch 288 Aufpunkte beschrieben, die Schrittweite von Aufpunkt zu Aufpunkt beträgt 5 km (Abb. 5.1). Für diese Aufpunkte wird die Immission exakt errechnet. Es ergibt sich insgesamt ein Aufpunktraster mit einer Ausdehnung von 60 km in west-östlicher und 120 km in nord-südlicher Richtung.
Für den Verdichtungsraum Karlsruhe wurde eine detaillierte Untersuchung durchgeführt. Es wurde ein Aufpunktraster mit 1 km Schrittweite und insgesamt 25 Aufpunkten gewählt; das detaillierte Aufpunktraster beschreibt somit eine Ausdehnung von 20 x 20 km (Abb. 5.2).

Als Leitsubstanz für die Untersuchungen wurde der Schadstoff Schwefeldioxid (SO_2) gewählt. Es wurde versucht, die Emissionsstruktur der Region "Nördlicher Oberrhein" zu ermitteln. Es wird dabei unterschieden zwischen punktförmigen großen Emittenten (Punktquellen), die vor allem aus dem Energieumwandlungsbereich und dem Sektor Industrie stammen, und den Flächenquellen des Sektors Haushalte und Kleinverbrauch (Hausbrand). Die Untersuchungen in diesem Abschnitt beziehen sich vor allem auf die Auswirkungen der punktförmigen Großemittenten (Quellstärke > 50 kg SO_2/h); in der detaillierten Analyse (Stadt Karlsruhe) wurde der Sektor Haushalte und Kleinverbrauch mit berücksichtigt. Als Eingangsgrößen für die Rechnungen sind für jede einzelne Punktquelle die Kenntnis der geographischen Lage und der SO_2-Quellstärke sowie der Wärmeemission aus Schornstein und die Schornsteinhöhe notwendig. Eine Datenzusammenstellung in dieser ausführlichen Form, ein "Emissionskataster" für SO_2 existiert für die Region "Nördlicher Oberrhein" nicht. Erste Ansätze dazu gibt es für Teilgebiete im Bereich der Gewerbeaufsichtsämter; die entsprechenden Angaben wurden für die Rechnungen zur Verfügung gestellt.

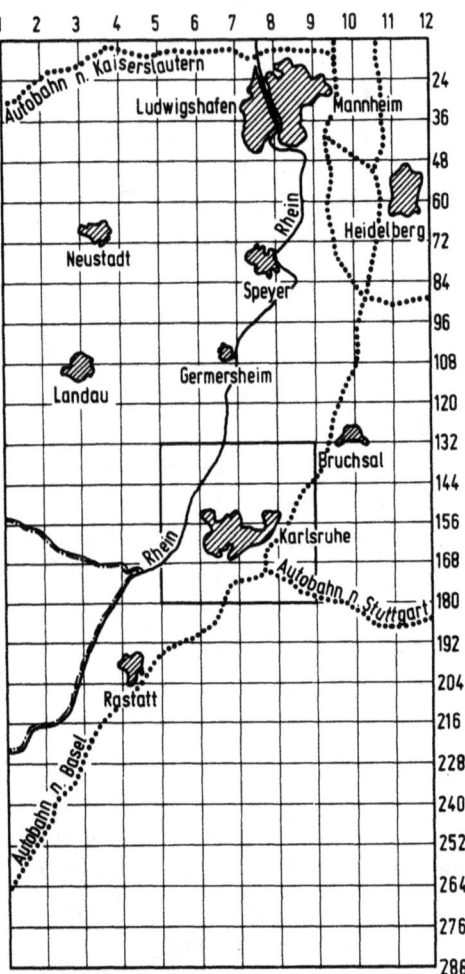

Abb. 5.1 Aufpunktraster über der Modellregion "Nördlicher Oberrhein" (Schrittweite 5 km).

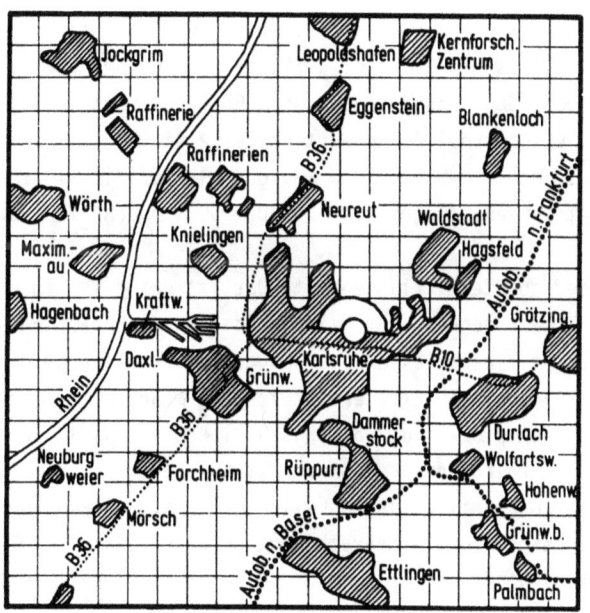

Abb. 5.2 Aufpunktraster über dem Verdichtungsraum Karlsruhe
(Schrittweite 1 km).

Für Anlagen aus dem Energieumwandlungsbereich wurden entsprechende Einzelangaben der Betreiber herangezogen. In einigen Gebieten Baden-Württembergs sowie insbesondere in den Randgebieten von Rheinland-Pfalz standen keine oder nur sehr unvollständige Angaben über die Emissionsstruktur zur Verfügung. In diesen Fällen wurde auf die pauschal ermittelten SO_2-Emissionen zurückgegriffen /FAUDE (1974), S. 106ff./ und für die übrigen Eingangsgrößen vernünftige Mittelwerte angenommen; für entsprechende Abschätzungen in Rheinland-Pfalz wurden Angaben über den industriellen Energieverbrauch nach /Statistische Berichte (1972), S. 8/ herangezogen. Insgesamt ergibt sich für die SO_2-Emissionen aus dem Energieverbrauch in der Region "Nördlicher Oberrhein" ein Wert von etwa 48 000 t im Jahr, die Quellen aus den angrenzenden Gebieten der Region, die für die Simulationsrechnungen verwendet wurden, tragen mit 55 000 t SO_2 im Jahr zur SO_2-Emission bei.

Eine andersgeartete, flächenhafte Quellstruktur ist im Sektor Haushalte und Kleinverbrauch gegeben. Am Beispiel der Stadt Karlsruhe wurden die Auswirkungen dieses Sektors untersucht. Hierbei wurde die entsprechend /FAUDE (1974), S. 106ff./ ermittelte SO_2-Menge mit einer Dichte von 4 Einzelquellen pro km^2 der bewohnten Fläche von Karlsruhe zugeordnet. Dabei wurde der Bereich der Innenstadt stärker bewertet als die bewohnten Randzonen. Die unmittelbar nördlich gelegenen Orte wurden ebenfalls berücksichtigt. Vergleichsrechnungen ergaben, daß 4 Quellpunkte pro km^2 eine ausreichende Annäherung an die tatsächliche Vielquellenverteilung ergibt.

Mit Ausnahme der Fernheizwerke wurden bei allen Großemittenten für die SO_2-Emissionen Jahresmittelwerte verwendet; für die Fernheizwerke und auch für die Emissionen aus dem Hausbrand wurde in Anlehnung an entsprechende Ermittlungen nach /Emissionskataster Köln (1972), S. 52/ für das Winterhalbjahr (November-April) 5/6 und für das Sommerhalbjahr (Mai-Oktober) 1/6 des Jahresmittelwerts angenommen. Eine detaillierte und wirklichkeitstreue Erfassung der SO_2-Emissionsstruktur "Nördlicher Oberrhein" ist nur durch die Erstellung eines "Emissisionskatasters" möglich. Die hier für die Rechnungen verwendeten Emissionsstrukturdaten sind ein erster Ansatz in dieser Richtung. Sie beschreiben in ihrer Gesamtheit die Verhältnisse im "Nördlichen Oberrhein" richtig; lokale Abweichungen von einigen 10 % sind jedoch nicht auszuschließen.

Eine weitere Kategorie von Eingangsgrößen für die Rechnungen sind meteorologische Daten. Hierzu wurde eine Dreijahres-Wetterstatistik (1. 12. 1967 - 30. 11. 1970) aus Meßwerten am 200 m Mast des Kernforschungszentrums Karlsruhe verwendet /NESTER (1972), S. 6ff./.

Sowohl die Häufigkeitsverteilungen der errechneten Immissionswerte als auch die sich daraus ergebenden Jahresmittelwerte oder typischen Sommer- und Wintermittelwerte, lassen sich mit Messungen an entsprechenden Aufpunkten vergleichen und gestatten eine Beurteilung über die Güte der Rechnung. Die Häufigkeitsverteilungen lassen sich nicht nur bezüglich Mittelwertbildung auswerten, sondern lassen auch die Ermittlung von Überschreitungshäufigkeiten von Grenzwerten für ein enges Aufpunktraster im Raum Karlsruhe (1 x 1 km) und für ein weiteres, das die gesamte Region von Offenburg bis Mannheim erfaßt (5 x 5 km), berechnet.

5.1.2. Errechnung der gegenwärtigen SO_2-Immission

Die folgenden rechnerischen Simulationen der Immissionsbelastung im "Nördlichen Oberrhein" sollen einige Zusammenhänge aufzeigen und Planungshinweise geben. Die Immissionen werden für das in Abb. 5.1 gezeigte Aufpunktraster mit Schrittweite 5 km, das die gesamte Region "Nördlicher Oberrhein" von Offenburg bis Mannheim erfaßt, sowie für das in Abb. 5.2 dargestellte Aufpunktraster mit der Schrittweite 1 km, das den Verdichtungsraum Karlsruhe erfaßt, berechnet. Abb. 5.3 und 5.4 dienen der Klärung der Frage, wie stark der gegenseitige Einfluß benachbarter Verdichtungsräume auf die Immissionsbelastung ist. Da eine weiträumige Belastung im wesentlichen nur von den Großemittenten herrührt, zeigt Abb. 5.3 nur den Einfluß der Großemittenten des Raumes Karlsruhe (21 Quellen) auf das Gebiet des Oberrheingrabens von Mannheim bis Offenburg. Die gezeichneten Linien sind Linien gleicher Immission für SO_2 in $\mu g/m^3$ (Isolinien) im Jahresmittel. Zu erkennen ist die von der Hauptwindrichtung Süd/West geprägte Immissionsstruktur mit dem Maximum nördlich Karlsruhe mit 30 μg SO_s/m^3. Abb. 5.4 zeigt die Immissionen bei Berücksichtigung aller Großemittenten im "Nördlichen Oberrhein" (62 Quellen). Der Bereich mit Konzentrationen größer als 20 μg SO_2/m^3 im Karlsruher Raum hat sich durch den Einfluß entfernterer Quellen vergrößert. Die Immissionsbelastung hat sich rechnerisch im Jahresmittel um ca. 6 μg SO_2/m^3 erhöht. Die Bereiche der Verdichtungsräume mit Konzentrationen aus Großemittenten größer als 20 μg SO_2/m^3 sind deutlich getrennt.

Abb. 5.5 zeigt gerechnete Immissionshäufigkeitsverteilungen für das Sommer- und Winterhalbjahr am Ort einer innerstädtischen Meßstelle (Karlsruhe Kaiserallee). Als Quellen wurden in diesem Fall nicht nur die Großemittenten, sondern auch Emissionen aus Haushalt und Kleinverbrauch berücksichtigt. Es sind Histogramme (untere Kurven) aufgetragen, d.h. über je 20 μg SO_2/m^3-Bereiche summierte Häufigkeitswerte. Aus diesen Werten lassen sich Fraktile (obere Kurven) bilden, die die Wahrscheinlichkeit dafür angeben, daß ein bestimmter Immissionswert nicht überschritten wird. Sehr ausgeprägt ist die Verschiebung der Verteilungen von Sommer

zu Winter in Richtung höherer Werte. So liegen zu 50% der Zeit im Sommer
Werte kleiner 20 µg SO_2/m^3 vor, im Winter liegt dieser Wert bei etwa 55 µg
SO_2/m^3. Dies zeigt den großen Einfluß des Hausbrandes auf die innerstädtischen SO_2-Immissionen, obwohl die SO_2-Emissionen des Hausbrandes nur
5 % der gesamten Karlsruhe SO_2-Emissionen ausmachen.

Die berechneten Immissionen im Raum Karlsruhe aus Emission der Großemittenten und des Hausbrandes ergeben eine Unterschätzung gegenüber den von der
Landesanstalt für Arbeitsschutz und Arbeitsmedizin, Immissions- und Strahlenschutz Karlsruhe gemessenen Immissionen /MORGENSTERN (1973), S. 3ff./
von maximal 50 %. Dabei ist zu berücksichtigen, daß schon die Meßwerte
einzelner Jahre auch Schwankungen in der Größenordnung von 30 % aufweisen.
Tab. 1 zeigt eine Zusammenstellung der berechneten Werte mit Meßwerten aus
den Jahren 1970, 1971, 1972 /MORGENSTERN (1973), S. 3ff., LAHMANN (1972),
S. 25ff./. Es ist unklar, ob die deutlich erkennbare Tendenz zu kleineren
Immissionen auf das typische Wettergeschehen der einzelnen Jahre oder auf
das geänderte Verhalten der Emittenten zurückzuführen ist. Die Genauigkeit
der Rechnungen könnte bei Verwendung der Wetter-, Emissions- und gemessenen
Immissionsdaten aus ein und demselben Jahr noch verbessert werden. Dies
scheitert jedoch zur Zeit an der Datenbeschaffung. Die Vermutung daß die
Aussagekraft verbessert werden kann, zeigt sich auch daran, daß die
Rechenergebnisse systematisch unter den Meßwerten liegen. Dies kann
folgende Gründe haben:

1.) Eine vollständige Erfassung der Emissionsstruktur war nicht gegeben.
Allerdings stimmen die Emissionsannahmen gut mit der Gesamt-Emissionsbilanz der Region überein.

2.) Es kann sein, daß bei einer detaillierteren Untersuchung der Dunstschichtobergrenzen niedrigere Werte angenommen werden müssen.

3.) Das Modell geht von homogenen Windverhältnissen aus, d.h. Immissionen
die durch Winddrehungen und einem möglichen Rücktransport von Schadstoff verursacht sind, werden nicht berücksichtigt. Für das Oberrheintal mit seiner ausgeprägten Vorzugswindrichtung wird der hierdurch verursachte Fehler allerdings geringer sein, als in anderen Regionen der
BRD.

4.) Der Einfluß entfernterer Quellen wurde nicht berücksichtigt.

Der Versuch, den Beitrag der Quellen außerhalb des nördlichen Oberrheingrabens für die SO_2-Konzentrationen mit abzuschätzen, bringt eine weit bessere Übereinstimmung der gemessenen mit den gerechneten Immissionen. Die Abschätzungen ergeben eine Grundbelastung des nördlichen Oberrheingrabens von etwa 20 µg SO_2/m^3 durch ferne Quellen /FAUDE (1974), S. 161/. Wenn man diese abgeschätzte Grundbelastung von 20 µg SO_2/m^3 zu den vorher errechneten Werten hinzuzählt, ergeben sich für den Raum Karlsruhe Jahresmittelwerte der SO_2-Immission, wie sie in Abb. 5.6 dargestellt sind.

Tab. 2 gibt Hinweise auf die Verursacherstruktur der SO_2-Konzentrationen in den Orten Karlsruhe und Eggenstein (ca. 7 km nördlich von Karlsruhe) und erlaubt einen Vergleich der gemessenen und errechneten Jahresmittelwerte der Konzentrationen.

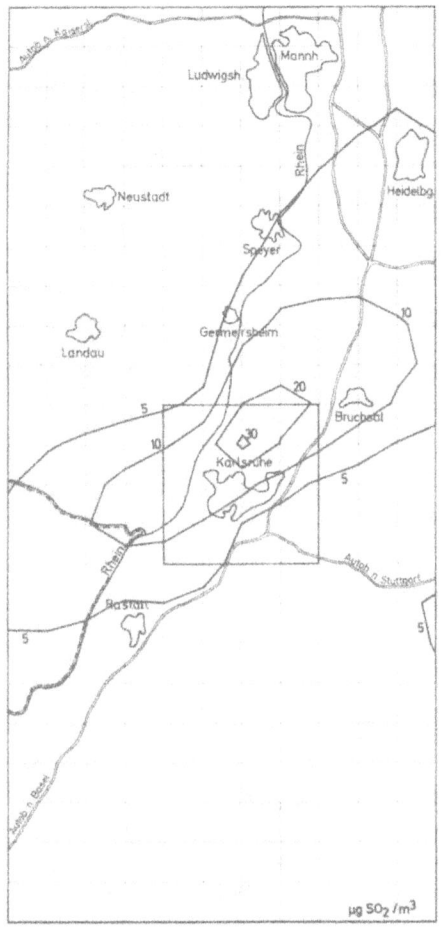

Abb. 5.3

Errechneter Beitrag zu den Jahresmittelwerten der SO_2-Immission im Nördlichen Oberrheingebiet

Emissionsquellen: Großemittenten im Karlsruher Raum

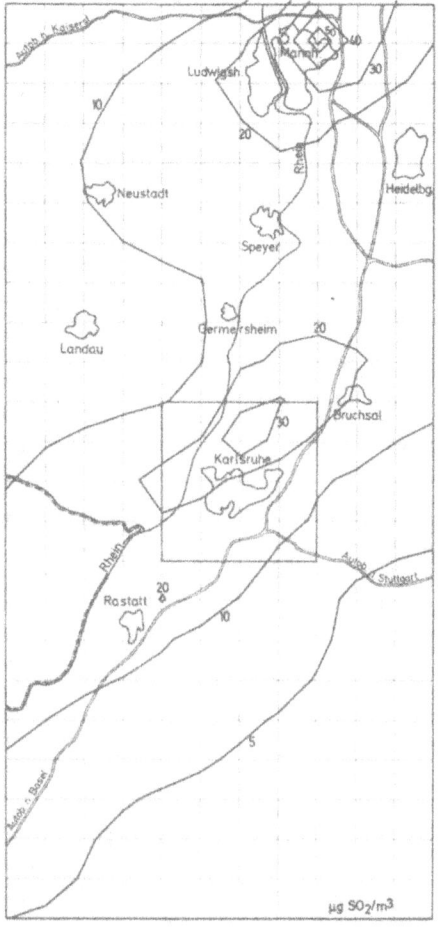

Abb. 5.4

Errechneter Beitrag zu den Jahresmittelwerten der SO_2-Immission im Nördlichen Oberrheingebiet

Emissionsquellen: Großemittenten im Nördlichen Oberrheingebiet

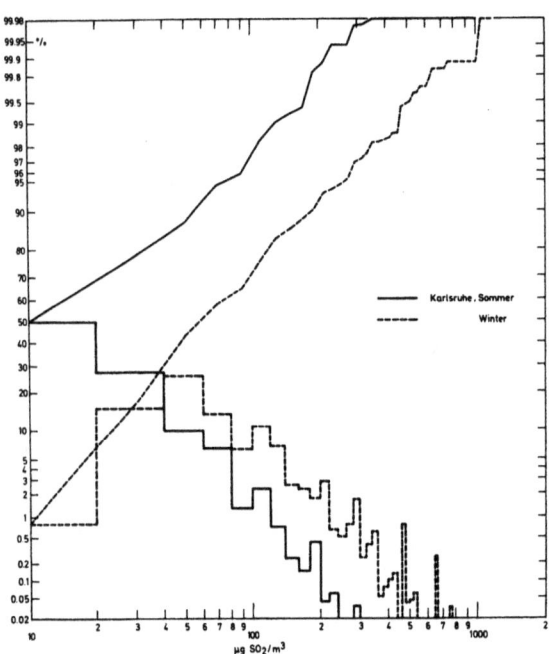

Abb. 5.5

Immissionshäufigkeitsverteilungen am Meßort Karlsruhe für Sommer und Winter

Tab. 1 Vergleich von Meßwerten mit Werten der Ausbreitungsrechnung (in µg SO_2/m^3)

Meßstelle	Einzelaufstellung						Vergleichende Zusammenstellung		
	Sommer						Sommer		
	Meßwerte			berechnete Werte			Meßwerte	berechnete Werte[*]	Abweichung
	1970	1971	1972	Industrie	Hausbrand	Gesamt	Mittelwerte 1970 - 1972	Gesamt	(%)
Karlsruhe	50	60	40	14	13	27	50	27 (47)	- 46 (-6)
Knielingen	50	90	60	30	6	36	67	36 (56)	- 46 (-16)
Neureut			40[**]	30	6	36	40[**]	36 (56)	- 10 (+40)
Eggenstein	50	70	52	38	2	40	57	40 (60)	- 30 (+5)
Kernforschungszentrum		86	57	33	2	35	72	35 (55)	- 51 (-24)
	Winter						Winter		
	Meßwerte			berechnete Werte			Meßwerte	berechnete Werte[*]	Abweichung
	1970	1971	1972	Industrie	Hausbrand	Gesamt	Mittelwerte 1970 - 1972	Gesamt	(%)
Karlsruhe	110	130	70	13	80	93	103	93 (113)	- 10 (+10)
Knielingen	140	120	90	29	36	65	117	65 (85)	- 44 (-27)
Neureut			85[**]	29	41	70	85[**]	70 (90)	- 18 (+6)
Eggenstein	110	110	65	37	17	54	95	54 (74)	- 43 (-22)
Kernforschungszentrum		98	80	38	14	52	89	52 (72)	- 42 (-19)
	Jahresmittel						Jahresmittel		
	Meßwerte			berechnete Werte			Meßwerte	berechnete Werte[*]	Abweichung
	1970	1971	1972	Industrie	Hausbrand	Gesamt	Mittelwerte 1970 - 1972	Gesamt	(%)
Karlsruhe	80	90	60	13	47	60	77	60 (80)	- 22 (+4)
Knielingen	95	105	75	30	21	51	92	51 (71)	- 45 (-23)
Neureut			55[**]	30	23	53	55[**]	53 (73)	- 4 (+33)
Eggenstein	80	90	58	37	10	47	76	47 (67)	- 38 (-12)
Kernforschungszentrum		92	68	36	8	44	80	44 (64)	- 45 (-20)

*) Werte in Klammern berücksichtigen den Immissionsanteil von fernen Quellen
**) Meßwerte lagen erst ab Juli 1972 vor

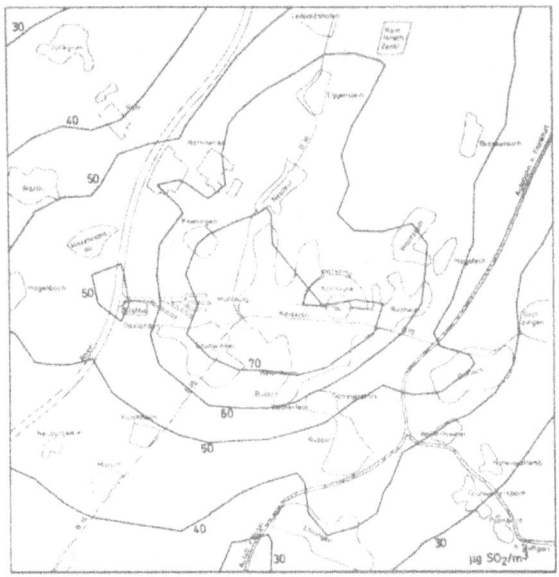

Abb.5.6 Errechnete Jahresmittelwerte der SO_2-Immission im Karlsruher Raum (einschl. Beitrag von fernen Quellen)

Emissionsquellen: Großemittenten im Nördlichen Oberrheingebiet + Haushalte und Kleinverbrauch im Karlsruher Raum

Tab. 2 SO_2-Konzentraion in Karlsruhe und Eggenstein - aufgeteilt nach Verursachergruppen (in $\mu g/m^3$)

	Karlsruhe	Eggenstein
natürliche Emission	1	1
Großemittenten im Karlsruher Raum	8	32
Haushalte + Kleinverbrauch	46	10
Fremdemittenten zwischen Offenburg und Mannheim	5	5
ferne Emittenten	20	20
Summe	80	68

5.1.3. Simulation von Handlungsalternativen

Im folgenden soll die Möglichkeit der Beurteilung künftiger Maßnahmen mit Hilfe von Emissions-Immissionsrechnungen demonstriert werden. Es werden einige Alternativ-Rechnungen für die Immissions-Mittelwerte des Winterhalbjahres aufgezeigt. Der Vergleich der Wintermittelwerte mit den Jahresmittelwerten der Immission ist bei Emissionen verursacht von Großemittenten möglich, da in diesem Falle nur minimale Unterschiede vorliegen.

1. Den für das Jahr 1980 vorausberechneten Immissionszustand bei Realisierung der bekannt gewordenen, bis zu diesem Zeitpunkt geplanten Investitionsvorhaben und bei Ausbleiben restriktiver Maßnahmen, wie Heizöl- bzw. Rauchgasentschwefelung zeigt Abb.5.7 für die Belastung durch Großemittenten. Die Zone von Immissionen größer 20 µg SO_2/m^3 umschließt jetzt den Mannheimer und Karlsruhe Raum und setzt sich auch bis zum Gebiet der elsässischen Raffinerien fort. Im Karlsruher Haupteinflußgebiet nordöstlich der Stadt ist die Konzentration von 30 auf 40 µg SO_2/m^3 gestiegen. Das Mannheimer Maximum ist von 50 auf 70 µg SO_2/m^3 angestiegen. Unter Berücksichtigung der durch Hausbrand und Ferntransport zusätzlich verursachten Immissionen, ergibt sich für Karlsruhe-Stadt eine mittlere Winterkonzentration von 100 µg SO_2/m^3 und für das nördliche Umland von etwa 60 µg SO_2/m^3.

2. Annahme wie unter 1., allerdings Einführung der Restriktion, daß durch eine geeignete Kombination von Verfahren der Heizöl- und Rauchgasentschwefelung Emissionsbedingungen erreicht werden, die einem Schwefelgehalt von 1 % im schweren Heizöl äquivalent sind (Abb.5.8). Für den Raum Karlsruhe ergibt sich durch Großemittenten eine Konzentration von 20 µg SO_2/m^3 d.h. eine Verbesserung sogar gegenüber dem jetzigen Zustand. Das Gleiche gilt für den Raum Mannheim, als Maximalwert treten nur noch 40 µg/m³ auf, im Vergleich zu 70 µg SO_2/m^3 für Alternative 1 und 50 µg/m³ heute.

3. Als Alternative zum Hausbrand aus Einzelfeuerungen (Abb 5.9) wurde Wärmeversorgung aus zentralen Heizwerken (Abb.5.10) angenommen. Abb.5.9 zeigt die Wintermittelwerte der SO_2-Immissionen im Karlsruher Raum aus Hausbrand mit Einzelfeuerungen. In der Innenstadt werden Werte bis zu

80 µg SO_2/m^3 errechnet. Für Karlsruhe wurde angenommen, daß die bisher in Einzelfeuerung (Heizöl bzw. Kohle) erzeugten 2 000 Tcal/a in zwölf typischen Heizwerken mit je etwa 170 Tcal/a erzeugt werden. Diese Kraftwerke emittieren dann aus 50 m hohen Kaminen im Winter als Mittelwert je 40 kg SO_2/h und im Sommer 8 kg SO_2/h. Abb.5.10 zeigt den erheblich verbesserten Immissionszustand im Winter gegenüber der Heizung aus Einzelfeuerungen. Für die Hausbrandalternative ergeben sich mit den Heizkraftwerken Maximalwerte von 5 µg SO_2/m^3, für Einzelfeuerung von 80 µg SO_2/m^3.

Zu betonen ist, daß solche Emissions-Immissionsmodelle, da sie sehr komplexe und noch ungenügend erforschte Naturvorgänge vereinfacht beschreiben, nur als Orientierungs- und Entscheidungshilfen zu verstehen sind. Für diesen Zweck sind die Ergebnisse der Rechnungen bereits jetzt brauchbar.

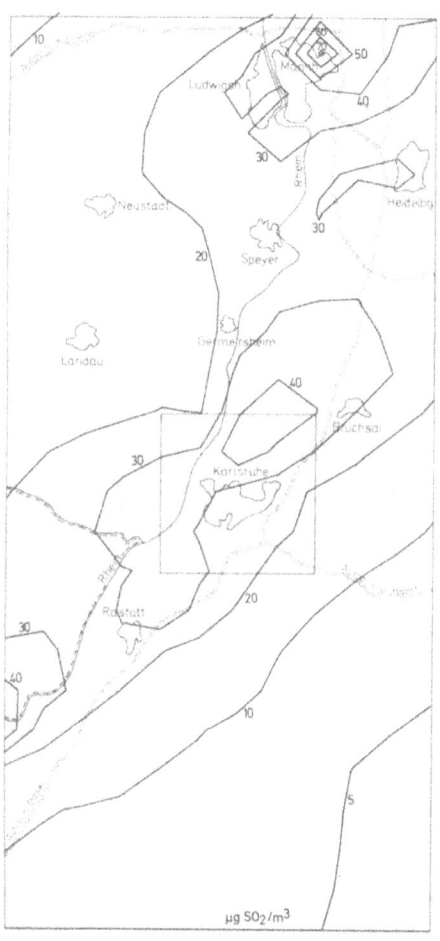 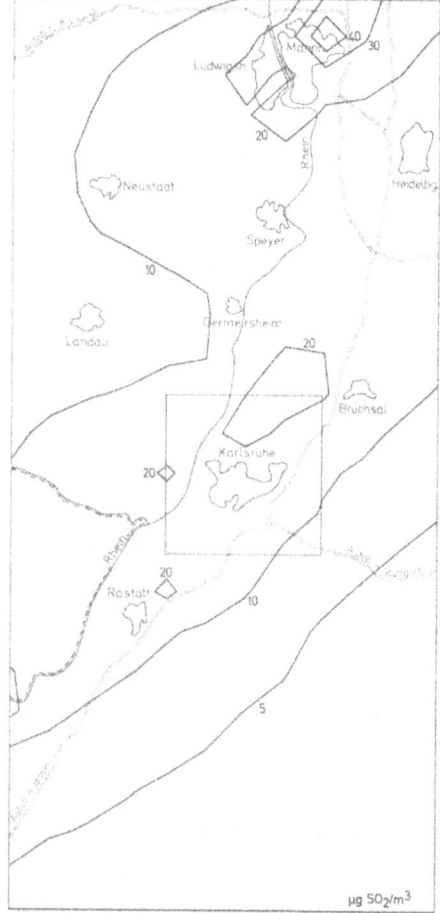

Abb. 5.7

Errechneter Beitrag zu den Wintermittelwerten 1980 der SO$_2$-Immission im Nördlichen Oberrheingebiet

Emissionsquellen: Großemittenten im Nördlichen Oberrheingebiet

Keine Technologieverbesserung

Abb. 5.8

Errechneter Beitrag zu den Wintermittelwerten 1980 der SO$_2$-Immission im Nördlichen Oberrheingebiet

Emissionsquellen: Großemittenten im Nördlichen Oberrheingebiet

Technologieverbesserung

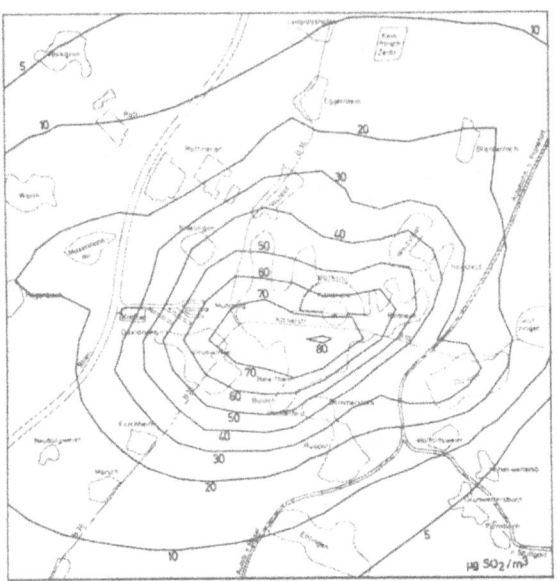

Abb. 5.9 Errechneter Beitrag zu den Wintermittelwerten
der SO_2-Immission im Karlsruher Raum

Emissionsquellen: Haushalte und Kleinverbrauch

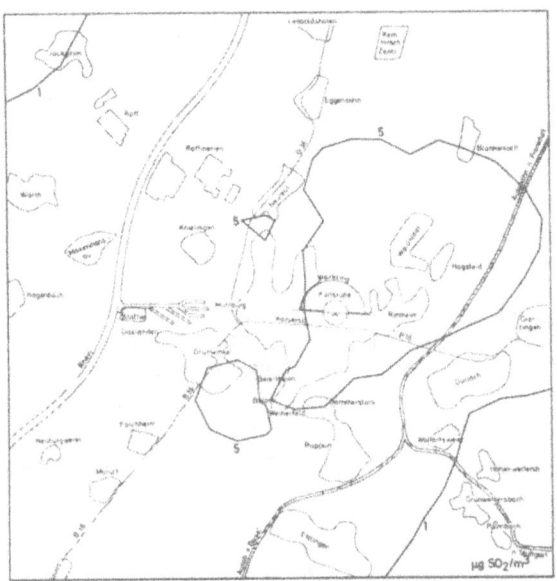

Abb. 5.10 Errechneter Beitrag zu den Wintermittelwerten
der SO_2-Immission im Karlsruher Raum

Emissionsquellen: zentrale Heizkraftwerke

5.1.4. Sensitivitätsanalyse für die in das Ausbreitungsmodell eingehenden Parameter

Die Ergebnisse der Ausbreitungsrechnung hängen von einer Reihe von Parametern ab, wie Quellstärke Q, Ausbreitungsparameter σ_z, Ausbreitungsobergrenze OG, mittlere Windgeschwindigkeit $\bar{u}$, "effektive" Höhe der Rauchfahne H' und mittlere Verweilzeit des Schadstoffs in der Atmosphäre τ. Die Werte dieser Parameter wurden von anderen Autoren übernommen und sind z.T. sehr ungenau bestimmt. Um optimale Rechenergebnisse zu erzielen, müssen die Parameter den Gegebenheiten der betrachteten Region angepaßt werden. Bei der Vielzahl der Parameter ist es sinnvoll zu prüfen, wie stark sich Änderungen der Parameterwerte auf das Ergebnis der Rechnung auswirken. Eine Parameteranpassung sollte dann mit den empfindlichsten Parametern vorgenommen werden. Eine solche Parameteranpassung kann für das angewandte Modell nicht durchgeführt werden, da hierfür zu wenige Meßstellen insbesondere zwischen den Verdichtungsräumen Karlsruhe und Mannheim zur Verfügung stehen. Eine Parameteranalyse kann aber darüberhinaus Hinweise auf besonders empfindliche Einflüsse geben, die bei der Datenbeschaffung und dem Modellaufbau berücksichtigt werden müssen.

Es sind dabei zwei Gruppen von Parameterabweichungen zu prüfen, die systematischen und die zufälligen. Prüfung auf den Einfluß von systematischen Abweichungen wurde für die Parameter Quellstärke Q, Ausbreitungsparameter σ_z, Ausbreitungsobergrenze OG, mittlere Windgeschwindigkeit $\bar{u}$, "effektive" Höhe der Rauchfahne H' und mittlere Verweilzeit des Schadstoffs in der Atmosphäre τ durchgeführt. Als Maß für die Empfindlichkeit gegenüber Parameteränderung wird die relative Abweichung einer nach Parameteränderung errechneten mittleren Immission über das Aufpunktraster von einer "wahren" mittleren Immission, sowie die Varianz $\bar{v}$ dieser Größe, definiert.

$$\overline{\left(\frac{X_G - X_W}{X_W}\right)} = \frac{1}{N} \sum_{i=1}^{N} \frac{X_{Gi} - X_{Wi}}{X_{Wi}} \qquad (5.1)$$

$$\bar{v} = \frac{1}{N} \sum_{i=1}^{N} \left(\frac{X_{Gi} - X_{Wi}}{X_{Wi}}\right)^2 - \overline{\left(\frac{X_G - X_W}{X_W}\right)}^2 \qquad (5.2)$$

bei Variation des Parameterverhältnisses $\frac{p_g - p_w}{p_w}$

mit p_w "wahrer" Wert des Parameters
p_g veränderter Wert des Parameters
χ_w "wahre" Immission aus Rechnung mit p_w
χ_g errechnete Immission aus Rechnung mit p_g

Die Summation geht dabei über alle N Rasterpunkte. Die "wahre" Immission ergibt sich aus der Rechnung mit einem plausiblen Parametersatz aus der Literatur (p_w) mit dem sich die gemessenen Immissionswerte der Region hinreichend verifizieren lassen. Mit einem um einen bestimmten Betrag veränderten Parametersatz werden dann die Immission χ_G errechnet und nach (5.1) und (5.2) die entsprechenden Abweichungsmaße gebildet.

In den Abb. 5.11-5.15 sind die Ergebnisse der Parameterrechnungen dargestellt. Bezugssystem für die Parametervariation sind dabei die in Kap. 5 beschriebenen Annahmen für Parameterwerte. Abb. 11 und 12 zeigen die Abweichung der mittleren Immission über das Aufpunktraster bei Parameteränderung für den Fall einer einzigen Emissionsquelle und den Fall von 62 Emissionsquellen (Modellrechnung in Kap. 5.1.2). Für beide Rechnungen ergeben sich ähnliche Einflüsse der Parameter auf die Ergebnisse. Für alle Parameter, außer für die mittlere Verweilzeit τ und die Quellstärke Q, bewirkt eine Parameteränderung im Falle nur einer Quelle eine größere Ergebnisänderung als im Falle einer Vielquellenverteilung. τ zeigt ebenso wie Q für beide Rechnungen die gleiche Empfindlichkeit. Für Q ist dies sofort verständlich, da dieser Parameter linear in den Ansatz (4.1) eingeht. Für Q, σ_z und τ bewirkt eine Parametererhöhung einen Ergebniszuwachs, für H', $\bar{u}$ und OG gilt das umgekehrte Verhalten. Auffallend ist die sehr starke Abhängigkeit der Ergebnisse von der "effektiven" Höhe der Rauchfahne H' und die relativ schwache Abhängigkeit von den Parametern τ und σ_z. Bei der Einquellenrechnung ändert der Parameter OG seinen Einfluß auf das Ergebnis von wachsender zu fallender Tendenz bei Parameterniedrigung über einen gewissen Betrag (-0.2) hinaus. Dies ist verständlich, da ab diesem Wert der Emissionspunkt die Ausbreitungsobergrenze OG überschreitet.

Die Abb. 5.13 + 5.14 zeigen die Quadratwurzeln der Varianzen (Standardabweichungen) der Abweichungen der Immissionswerte für alle Rasterpunkte bei Parameteränderung für die Ein- und Vielquellenrechnung. Es wird das Maß der Veränderung der Einzelimmissionen an den Rasterpunkten bei Parameteränderung dargestellt. Beide Rechnungen zeigen wiederum ähnliche Einflüsse der Parameteränderungen auf die Ergebnisse. Außer für τ ergeben sich für alle Parameter größere Standardabweichungen bei der Einquellenrechnung als bei der Vielquellenrechnung. Die Ergebnisse zeigen, daß empfindliche Parameter nicht immer mit großen Standardabweichungen verbunden sind. Der Parameter σ_z, beim Mittelwertvergleich (Abb. 5.11, 5.12) sehr unempfindlich, zeigt hohe Werte für die Standardabweichung. Eine Anpassung der Rechenergebnisse an Meßwerte über diesen Parameter, wie es bei Ausbreitungsrechnungen häufig geschieht, ist daher problematisch. Die mittlere Windgeschwindigkeit $\bar{u}$, die beim Mittelwertvergleich große Empfindlichkeit zeigte, ergibt eine relativ geringe Standardabweichung. Auffallend ist die Tendenz zu verminderter Standardabweichung bei wachsender Parameterabweichung für den Parameter OG. Insgesamt kann gesagt werden, daß bei Berücksichtigung vieler Quellen in einer Region, die Tendenz zu geringerer Auswirkung eines systematischen Fehlers eines Parameterwertes auf das Ergebnis der Immissionswerte an den Aufpunkten vorhanden ist.

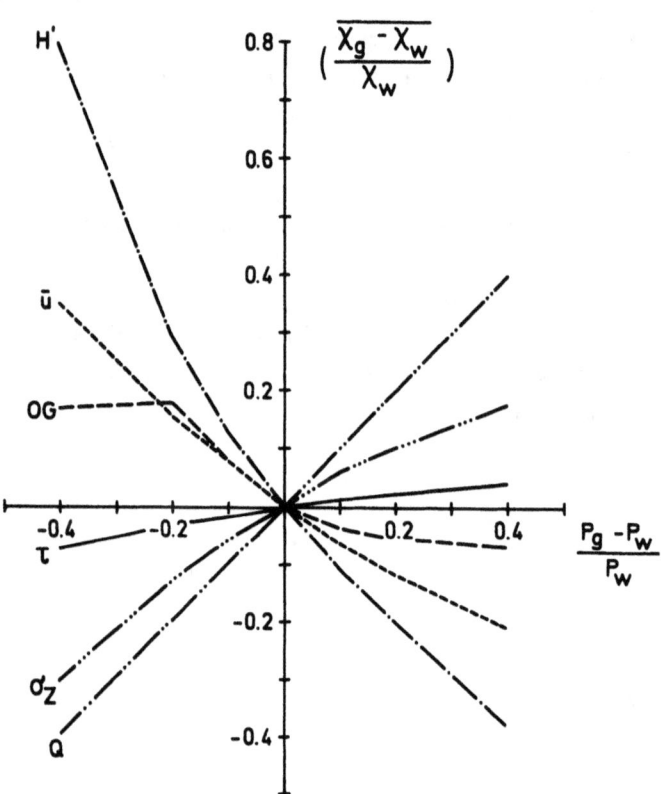

Abb.5.11 Mittlere Abweichung der Immission für alle Rasterpunkte bei systematischer Parameteränderung im Falle einer Emissionsquelle.

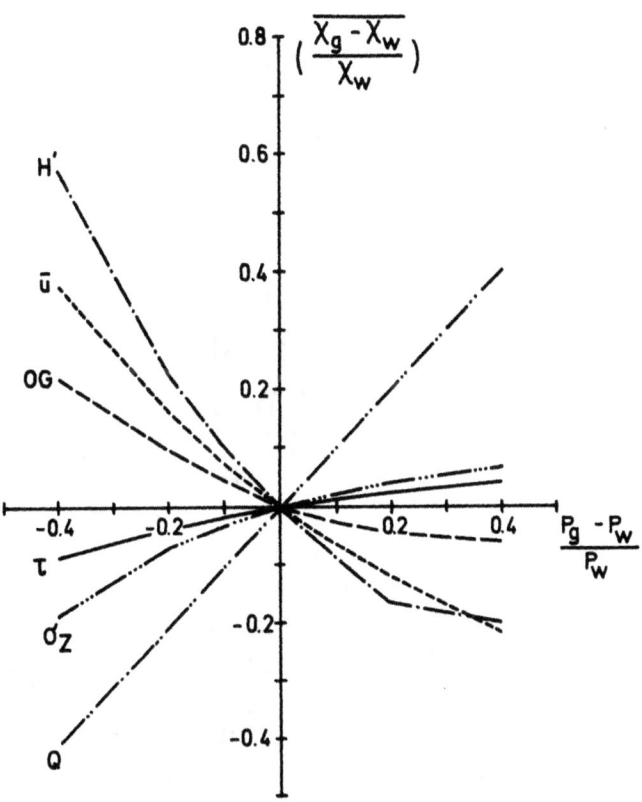

Abb.5.12 Mittlere Abweichung der Immission für alle Rasterpunkte bei systematischer Parameteränderung im Falle von 62 Emissionsquellen

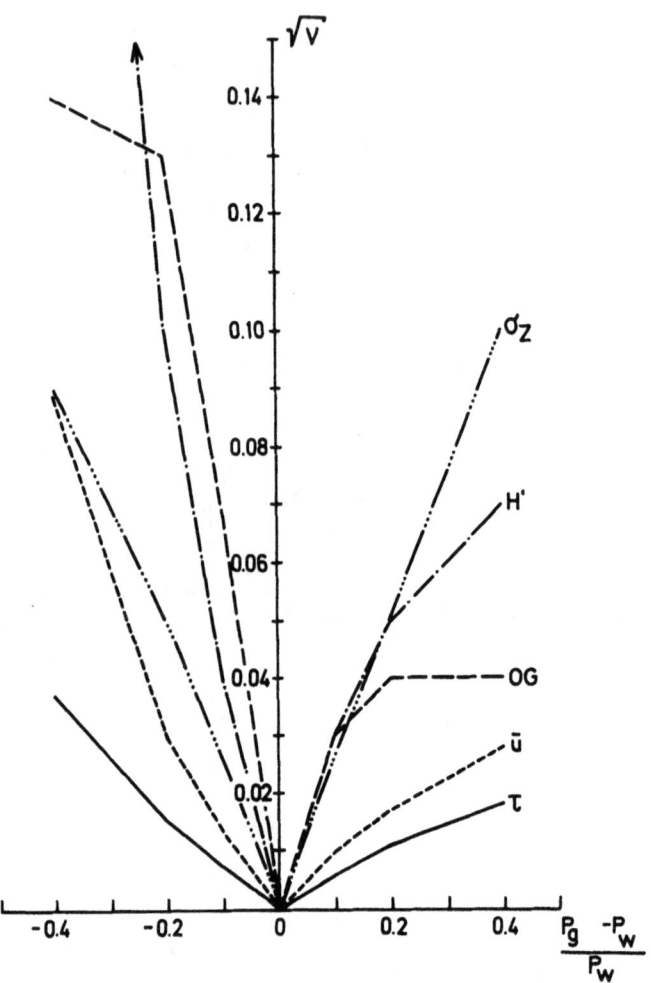

Abb.5.13 Standardabweichung der Änderung der Immissionswerte für alle Rasterpunkte bei systematischer Parameteränderung im Falle einer Emissionsquelle

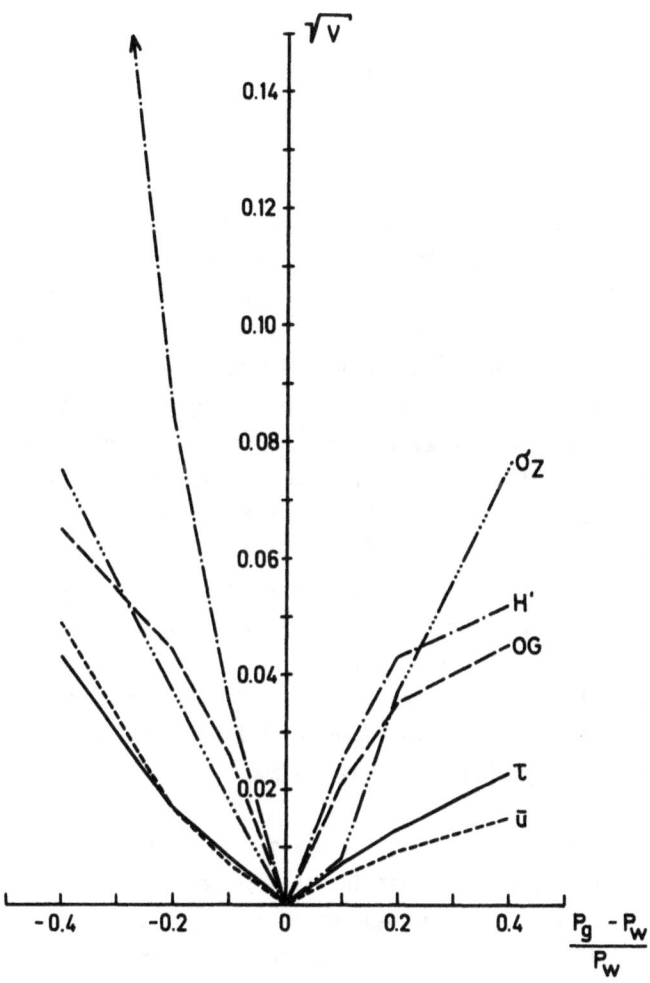

Abb.5.14 Standardabweichung der Änderung der Immissionswerte für alle Rasterpunkte bei systematischer Parameteränderung im Falle von 62 Emissionsquellen

5.2 Ergebnisse des Umweltplanungsmodells zur Errechnung kostengünstiger Lösungen

5.2.1 Modell, Modellregion und Ausgangsdaten

5.2.1.1 Modell

Ziel der Modellrechnungen ist es, kostengünstigste Lösungen bezüglich Standortwahl und Betriebsweisen von energieerzeugenden Anlagen zu erhalten. Es werden Anlagen eines integrierten Energieversorgungssystems betrachtet, das neben Kraftwerken auch Heizkraftwerke und die dazugehörigen Transporteinrichtungen umfaßt. Damit können die betrachteten Verdichtungsräume nicht nur mit Strom sondern auch mit Wärme versorgt werden. Der Aktivitätenvektor wird aus den Besetzungszahlen eines vorgegebenen Aufpunktrasters mit 100 MWe-Standardkraftwerks- bzw. 100 MWe-Standardheizkraftwerkseinheiten gebildet; diese Standardkraft- bzw. Standardheizkraftwerkseinheiten können mit Brennstoffen von 2,6 %, von 1 % und von 0,5 % Schwefelgehalt, sowie mit Rauchgasentschwefelungsanlagen betrieben werden. Bei den Modellrechnungen wurde von dem Brennstoff schweres Heizöl ausgegangen, die Ergebnisse gelten auch für Stein- oder Braunkohle als Brennstoff, da hier ähnliche technische und ökonomische Bedingungen vorliegen. Gesucht ist die kostengünstigste Kombination von Standortwahl und Betriebsweise der Anlagen in dem durch die Nebenbedingungen bestimmten Lösungsraum.

Die Zielfunktion berücksichtigt die gesamten Investitions- und Betriebskosten der Anlagen; dies ist insbesondere notwendig, um den Einfluß der Kostendegression auf die Lösungen zu erhalten. Die Zielfunktion kann als Summenausdruck der vier möglichen Betriebsweisen

(1) Verbrennung von schwerem Heizöl mit 2,6 % Schwefel
(2) Verbrennung von schwerem Heizöl mit 1 % Schwefel
(3) Verbrennung von schwerem Heizöl mit 0,5 % Schwefel
(4) Betrieb einer Rauchgasentschwefelungsanlage

dargestellt werden. Für jede Betriebsweise sind n_1 mögliche Anlagenstandorte vorgegeben. Es werden zwei Typen von Anlagen - Kraftwerke und Heizkraftwerke - betrachtet. Jeder Kostenterm setzt sich aus Anteilen für Investitionskosten und Betriebskosten für die Anlagen zusammen. Insgesamt ergibt sich der folgende Ausdruck

Index

$(IKBAU\ 1 + IKKW(I) + IKSE\ 1\ (I) + BKBr\ 1) \cdot x\ (I)$ $I = 1,\ldots,n_1$
$(IKBAU\ 2 + IKKW(I) + IKSE\ 2\ (I) + BKBr\ 2) \cdot x\ (I)$ $I = n_1+1,\ldots,n_2$
$(IKBAU\ 1 + IKKW(I) + IKSE\ 1\ (I) + BKBr\ 1 + BKEntS\ 1) \cdot x(I)$ $I = n_2+1,\ldots,n_3$
$(IKBAU\ 2 + IKKW(I) + IKSE\ 2\ (I) + BKBr\ 2 + BKEntS\ 1) \cdot x(I)$ $I = n_3+1,\ldots,n_4$
$(IKBAU\ 1 + IKKW(I) + IKSE\ 1\ (I) + BKBr\ 1 + BKEntS\ 2) \cdot x(I)$ $I = n_4+1,\ldots,n_5$
$(IKBAU\ 2 + IKKW(I) + IKSE\ 2\ (I) + BKBr\ 2 + BKEntS\ 2) \cdot x(I)$ $I = n_5+1,\ldots,n_6$
$(IKBAU\ 1 + IKKW(I) + IKSE\ 1\ (I) + BKBr\ 1 + BKEntS\ 3) \cdot x(I)$ $I = n_6+1,\ldots,n_7$
$(IKBAU\ 2 + IKKW(I) + IKSE\ 2\ (I) + BKBr\ 2 + BKEntS\ 3) \cdot x(I)$ $I = n_7+1,\ldots,n_8$

$x(I)$	Besetzungszahl des Quellpunktes I mit Standardkraftwerken- bzw. Standardheizkraftwerken
IKBAU 1	Spezifische Investitionskosten für Kraftwerksbau
IKBAU 2	Spezifische Investitionskosten für Heizkraftwerksbau
$IKKW(I)$	Spezifische Investitionskosten für Kühlwassertransport zum Standort I
IKSE 1(I)	Spezifische Jahreskosten für Sekundärenergietransport (Stromtransport) vom Standort I zum nächsten Verbrauchszentrum
IKSE 2(I)	Spezifische Jahreskosten für Sekundärenergietransport (Fernwärme- + Stromtransport) vom Standort I zum nächsten Verbrauchszentrum
BKBr 1	Spezifische Kraftwerksbetriebskosten durch Brennstoff
BKBr 2	Spezifische Heizkraftwerksbetriebskosten durch Brennstoff
BKEntS 1	Spezifische zusätzliche Betriebskosten für den Bezug von 1% schwefelhaltigem Brennstoff
BKEntS 2	Spezifische zusätzliche Betriebskosten für den Bezug von 0,5 % schwefelhaltigem Brennstoff

BKEntS 3   Spezifische zusätzliche Betriebskosten für den Betrieb
            einer Rauchgasentschwefelungsanlage

Es werden n_1 mögliche Anlagenstandorte betrachtet. Der Vektor $\underline{x}$ bezeichnet
die Besetzungszahlen für 100 MWe-Kraftwerke bzw. 100 MWe-Heizkraftwerke an
möglichen Standorten, sowie die Betriebsweisen mit unterschiedlichen
Brennstoffen oder Rauchgasentschwefelungsanlagen. Die Elemente des
Aktivitätenvektors $\underline{x}$ mit den Indizes 1 bis n_1, $n_2 + 1$ bis n_3, $n_4 + 1$ bis
n_5, $n_6 + 1$ bis n_7 sind Kraftwerken, die Elemente mit den Indizes $n_1 + 1$
bis n_2, $n_3 + 1$ bis n_4, $n_5 + 1$ bis n_6, $n_7 + 1$ bis n_8 Heizkraftwerken
zugeordnet. Die Aktivitäten x_i mit Index i = 1, ..., n_2 sind dabei einem
Brennstoffeinsatz mit 2.6 % Schwefelgehalt, die mit Index i = $n_2 + 1$,
...., n_4 einem Brennstoffeinsatz mit 1 % Schwefelgehalt, die mit Index i =
$n_4 + 1$, ..., n_6 Brennstoffeinsatz mit 0,5 % Schwefelgehalt und die mit
Index i = $n_6 + 1$, ..., n_8 Anlagen mit Rauchgasentschwefelungsanlagen
zugeordnet. Für die Kostenanteile - spezifische Investitionskosten für
Kraftwerksbau bzw. Heizkraftwerksbau (IKBAU 1 bzw. IKBAU 2), spezifische
Jahreskosten des Sekundärenergietransports (IKSE 1 (I) bzw. IKSE 2(I))
und spezifische zusätzliche Betriebskosten einer Rauchgasentschwefelungsanlage (BKEntS 3) - wird degressiver Kostenverlauf für wachsende installierte Leistung angenommen. Um diesen nichtlinearen Verlauf mit Hilfe des
Optimierungsverfahrens "Separable Programming" berücksichtigen zu können,
werden für jeden der genannten Kostenanteile mehrere spezifische Kostenwerte für mehrere installierte Leistungen (Stützstellen) in der Zielfunktion angegeben.

Der mathematische Lösungsraum wird durch die Gesamtzahl von Nebenbedingungen
bestimmt, die sich aus Umweltnebenbedingungen und technische Nebenbedingungen
zusammensetzen. Die Umweltnebenbedingungen stellen sicher, daß an allen
Aufpunkten der Region die Umweltstandards eingehalten werden, die technischen Nebenbedingungen, daß die notwendige installierte Kapazität in der
Region vorhanden ist. Die Elemente des Beschränkungsvektors der Umweltnebenbedingungen b_1, ..., b_{ml} (rechter Teil des Systems) werden den geltenden
gesetzlichen Bestimmungen entnommen /TA-Luft (1974)/, die notwendige Installationskapazität orientiert sich am augenblicklichen Strom- bzw.

Wärmebedarf der Region bzw. einer Prognose der zukünftigen Entwicklung. Die linke Seite des Ungleichungssystems wird durch die sog. Umwelttransfermatrix und die sog. Technische Matrix bestimmt. Die Elemente der Umwelttransfermatrix beschreiben den Einfluß einer Emission pro Besetzungseinheit (Standardkraftwerk bzw. Standardheizkraftwerk) an einem Quellpunkt auf die Immissionen an einem Aufpunkt. Die Elemente der Technischen Matrix drücken den möglichen Beitrag eines Standardkraft- bzw. Standardheizkraftwerkes zur Strom- bzw. Wärmeversorgung eines Verbrauchszentrums aus. Das gesamte Restriktionensystem ist umseitig übersichtlich dargestellt.

	b_1	b_{m_1}	b_{m_1+1}	b_{m_2}	b_{m_2+1}	b_{m_3}
	$\vee I$ .... $\vee I$		$\wedge I$ ...... $\wedge I$		$\wedge I$ .... $\wedge I$	
	x_1 .... x_{n_1}	x_{n_1+1} ...... x_{n_2}			.... x_{n_7+1}	x_{n_8}

	n_1	n_1+1 ... n_2	n_2+1 ... n_3	n_3+1 ... n_4	n_4+1 ... n_5	n_5+1 ... n_6	n_6+1 ... n_7	n_7+1 ... n_8
1 ... m_1	Umwelt-Transfer-Matrix UT1	Umwelt-Transfer-Matrix UT2 $= 1.2 \times UT1$	Umwelt-Transfer-Matrix UT3 $= 0.4 \times UT1$	Umwelt-Transfer-Matrix UT4 $= 0.4 \times UT2$	Umwelt-Transfer-Matrix UT5 $= 0.2 \times UT1$	Umwelt-Transfer-Matrix UT6 $= 0.2 \times UT2$	Umwelt-Transfer-Matrix UT5	Umwelt-Transfer-Matrix UT6
m_1+1 ... m_2	Techn. Matrix Strom 1	Techn. Matrix Strom 2	Techn. Matrix Strom 1	Techn. Matrix Strom 2	Techn. Matrix Strom 1	Techn. Matrix Strom 2	Techn. Matrix Strom 1	Techn. Matrix Strom 2
m_2+1 ... m_3	Techn. Matrix Wärme 1	Techn. Matrix Wärme 2	Techn. Matrix Wärme 1	Techn. Matrix Wärme 2	Techn. Matrix Wärme 1	Techn. Matrix Wärme 2	Techn. Matrix Wärme 1	Techn. Matrix Wärme 2

Übersicht über das Restriktionensystem des Umweltplanungsmodells " kostengünstigste Lösungen "

Es werden m_1 Immissionsaufpunkte und ($m_2 - m_1$) zu versorgende Verbrauchszentren betrachtet. Die Elemente 1 bis m_1 des Restriktionenvektors b bezeichnen die Umweltgütestandards, die Elemente $m_1 + 1$ bis m_2 die Nachfrage an elektrischem Strom und die Elemente $m_2 + 1$ bis m_3 die Nachfrage nach Niedrigtemperaturwärme in den betrachteten Verbrauchszentren. Die Umwelttransfermatrix wird durch Ausbreitungsrechnungen für die Emissionen der angenommenen Standardkraftwerke bzw. Standardheizkraftwerke von 100 MWe-Leistung erhalten. Wegen der Wirkungsgradverringerung bei der Stromerzeugung gegenüber einem reinen Kraftwerk (s.u.) erfordert ein Heizkraftwerk einen etwa 20 % höheren Brennstoffeinsatz; dies wird in der Umwelttransfermatrix UT2 berücksichtigt. Die Elemente der Matrix UT2 werden durch Multiplikation der Elemente der Matrix UT1 mit dem Faktor 1,2 erhalten. Die Annahme, daß Brennstoff von 2,6 % Schwefelgehalt verbrannt wird, führt bei einer Kraftwerksauslastung von 70% zu einer SO_2-Emission des 100 MWe-Kraftwerks von ungefähr 0,9 t/h, 1 % schwefelhaltiger Brennstoff entsprechend zu 0,35 t SO_2/h, der Betrieb einer Rauchgasentschwefelungsanlage entspricht einem Brennstoffeinsatz mit 0,5 % Schwefelgehalt. Die Wärmeemission der Rauchgase einer 100 MWe-Anlage beträgt ungefähr 12,5 MWth; dieser Wert ist für die Überhöhung der Abgasfahne von Bedeutung. Die angenommene Kaminhöhe beträgt 150 m.

Die technischen Matrizen Strom 1 und Wärme 1 bezeichnen jeweils die Strombzw. Wärmeleistung pro 100 MWe-Kraftwerk, die Matrizen Strom 2 und Wärme 2 die Strom- bzw. Wärmeleistung pro 100 MWe-Heizkraftwerk. Die Matrix Wärme 1 hat nur Nullelemente. Der Wirkungsgrad für Stromerzeugung beträgt beim fossil befeuerten Kraftwerk 38 % und beim entsprechend befeuerten Heizkraftwerk 32 % /WINKENS (1975), S. 375/. Beim Kraftwerk ist dieser Wert gleichzeitig der Gesamtwirkungsgrad, beim Heizkraftwerk können weitere 52 % als Fernwärme genutzt werden, was einen Gesamtwirkungsgrad von 84 % ergibt. Es fallen damit bei einem 100 MWe-Heizkraftwerk 162 MWth als Fernwärmeleistung an. Das Verhältnis der Koeffizienten der Elemente der Matrix Wärme zu denen der Matrix Strom beträgt daher 1.62.

In den Technischen Matrizen Strom (1 und 2) und Wärme (1 und 2) werden einzelne Teilbereiche des Quellpunktrasters den zu versorgenden Verbrauchszentren zugeordnet. Nur die von Null verschiedenen Elemente dieser Matrizen liefern Beiträge zur Energieversorgung des entsprechenden Verbrauchszentrums. Diese Unterteilung des Quellpunktrasters in Unterquellpunktraster, die jeweils den Verbrauchszentren zugeordnet sind, wurde durchgeführt um die Dimension des Gesamtproblems einzugrenzen. Das Koeffiziententableau der Technischen Matrizen kann für den konkreten Fall von zwei zu versorgenden Verbrauchszentren und 84 möglichen Quellpunkten, wobei die Quellpunkte 1 bis 48 dem Verbrauchszentrum 1 und die Quellpunkte 49 bis 84 dem Verbrauchszentrum 2 zugeordnet sind, wie folgt dargestellt werden:

Technische Matrix Strom 1 und 2

	← Strom 1 →	← Strom 2 →
Index	1 48	49 84	85 132	133 168
Wert	1 1	0 0	1 1	0 0
	0 0	1 1	0 0	1 1

Technische Matrix Wärme 1 und 2

	←Wärme 1→	← Wärme 2 →
Index	1 84	85 132	133 168
Wert	0 0	1.62 ... 1.62	0 0
	0 0	0 0	1.62 .. 1.62

Das beschriebene Restriktionensystem gilt für die Errechnung der kostengünstigsten Standortverteilung eines integrierten Energieversorgungssystems mit Kraftwerken und Heizkraftwerken innerhalb der Modellregion. Die Optimierugsrechnungen wurden mit Hilfe des IBM-Programmsystems MPS/360 durchgeführt. Lösungsverfahren ist die revidierte Simplexmethode. Mit Hilfe des Programmteils "Separable Programming" können auch nichtlineare Zielfunktionen und Restriktionen bearbeitet werden.

5.2.1.2 Modellregion

Als Modellregion wurde wiederum die Region "Nördlicher Oberrhein" gewählt; diesmal allerdings nur ein Teilbereich des in Kap. 5.1 behandelten Gebietes. Es wurde nur die unmittelbare Umgebung der Verdichtungsräume Mannheim/Ludwigshafen und Karlsruhe betrachtet, da die Versorgung dieser Räume von besonderem Interesse ist. Insgesamt wurden 240 von den in Abb. 5.1 skizzierten 288 Aufpunkten berücksichtigt; die Ausdehnung des Aufpunktrasters beträgt damit 60 km in west-östlicher und 100 km in nord-südlicher Richtung. Innerhalb des Aufpunktrasters liegt das Quellpunktraster, das die vorherbestimmten möglichen Standorte enthält (Abb. 5.15). Beim Verhältnis der Ausdehnung Quellpunktraster zur Ausdehnung Aufpunktraster muß berücksichtigt werden, daß die Immissionsmaxima von möglichen Quellen nicht außerhalb des Aufpunktrasters zu liegen kommen. Das gewählte Verhältnis von Ausdehnung Quellpunktraster zu Ausdehnung Aufpunktraster wurde nach verschiedenen Testläufen festgelegt. Es sollen die zwei Verdichtungsräume mit Strom und Wärme versorgt werden:

1.) Mannheim - Aufpunkt 32
2.) Karlsruhe - Aufpunkt 151

Die Zuordnung der Verdichtungsräume zu einzelnen Aufpunkten ist eine Vereinfachung, die jedoch für die durchgeführten Rechnungen als hinreichend angesehen werden kann. Teilbereiche des Quellpunktrasters werden jeweils einzelnen Verdichtungsräumen zugeordnet. Es wurde von den folgenden Installationsleistungen für die Strom- bzw. Wärmeerzeugung für die Verdichtungsräume ausgegangen:

1.) Mannheim   1.5 GWe und 2.2 GWth
2.) Karlsruhe   0.6 GWe und 0.65 GWth

Diese Werte orientieren sich an der gegebenen Verbrauchsstruktur /Energieprogramm Baden-Württemberg (1975), S. 39/. Bei den angegebenen Wärmeleistungen handelt es sich um Installationswerte, die einen mittleren Winterverbrauch (Nov.-April) in den Verdichtungsräumen befrieden können.

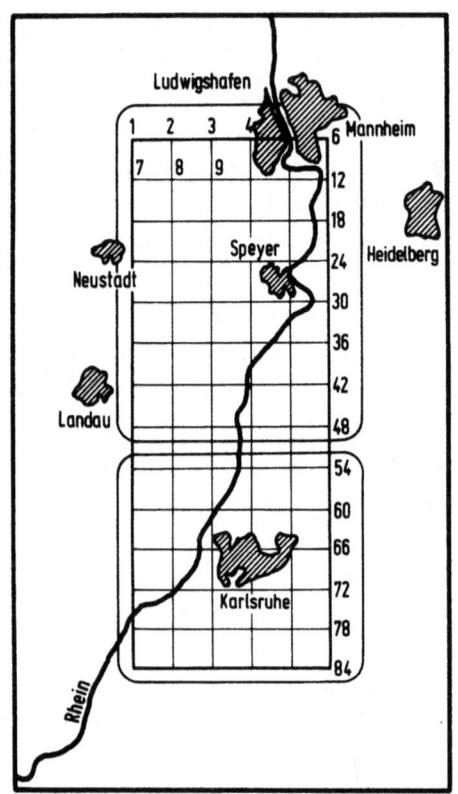

Abb. 5.15 Quellpunktraster über der Region "Nördlicher Oberrhein" und Zuordnung von Teilbereichen des Quellpunktrasters zu Verdichtungsräumen (Energieverbrauchszentren).

An allen Aufpunkten der Region müssen darüberhinaus die Umweltstandards erfüllt werden. Es wurde von Werten der TA-Luft ausgegangen, die eine maximale Langzeitbelastung von 140 µg SO_2/m^3 für Normalgebiete und 60 µg SO_2/m^3 für Reinluftgebiete vorschreiben. Grundsätzlich können mit dem entwickelten Modell auch die sehr bedeutenden Kurzzeitwerte behandelt werden. Dies ist für die laufenden Berechnungen jedoch nicht geschehen. Bei der konkreten Festlegung der Umweltrestriktionen wurden noch die folgenden Einflüsse berücksichtigt:

1.) Entfernte Quellen erbringen etwa 20 µg SO_2/m^3 /FAUDE u.a. (1974), S. 161/; dieser Betrag wurde von den Umweltrestriktionen subtrahiert.

2.) Der Hauptanteil der in Abb. 5.4 dargestellten Immissionsstruktur wird von industriellen Großemittenten in der Region "Nördlicher Oberrhein" verursacht. Die Immissionen durch diese bereits existierenden Großemittenten wurden daher ebenfalls von den Umweltrestriktionen subtrahiert.

5.2.1.3 Kostenannahmen

Die Standortwahl und Betriebsweisen von energieerzeugenden Anlagen sollen minimale Kosten ergeben. Dieses Kriterium ist für die bisherige Standortplanung meist allein ausschlaggebend. Die spezifischen Investitions- und Betriebskosten für die Anlagen werden für alle Standorte als gleich angenommen. Es wurden die folgenden Kostenanteile berücksichtigt:

1.) Investitionskosten für den Bau der Kraftwerks- und Heizkraftwerksanlagen

2.) Betriebskosten, insbesondere Brennstoffkosten für Brennstoffe mit 2.6,1 und 0.5 % Schwefelgehalt; darüber hinaus wurden auch die Kosten für die Rauchgasentschwefelungsanlage bei den Betriebskosten berücksichtigt.

Die standort-spezifischen Kostenanteile wurden separat betrachtet. Als solche standortspezifische Kosten können in erster Näherung angesehen werden:

3.) Kosten für Sekundärenergietransportsysteme zu den nächsten Verbrauchszentren (z.B. Oberlandleitungen, Rohrleitungen zum Fernwärmetransport, Pipelines).

4.) Kosten für ein Kühlwassertransportsystem zum nächsten Vorfluter.

Die Brennstofftransportkosten wurden nicht standortspezifisch berücksichtigt. Diese vereinfachende Annahme erscheint bei der insgesamt günstigen Verkehrserschließung in der Region "Nördlicher Oberrhein" zumindest in erster Näherung gerechtfertigt. Für Kraftwerke können die Kosten unter 3.) aufgespalten werden in Kostenanteile für
- den Stromtransport in Oberlandleitungen
- den Transport der anfallenden Kraftwerksabwärme

jeweils zum nächsten Verbrauchszentrum. Für den Strom ist die Annahme, daß der Verbrauch in dem nächsten Verbrauchszentrum erfolgt, nur in grober Näherung gültig. Der Transport von Kraftwerksabwärme wird bisher nur bei Entfernungen von bis zu 30 km von Kraftwerk bis Verbrauchszentrum als wirtschaftlich angesehen /KOREK (1975), S. 17/. Beim bisherigen Stand der Technik ist das Kühlwassertransportproblem (Kostenanteil 4.)) einer der Hauptgründe für die flußnahe Errichtung von großen Kraftwerken. Sowohl für Sekundärenergie - als auch für Kühlwassertransportsysteme wird sich meist ein degressiver Kostenverlauf für wachsende installierte Leistung ergeben. Es wurden für diese Anlagen Abschreibungszeiten von 12 - 17 Jahren angegeben. Die Investitionskosten für fossil befeuerte Kraftwerksanlagen wurden aus Rechnungen mit den OAK-RIDGE-Kostenprogramm /BOWERS u. a./ erhalten. Abb. 5.16 zeigt den sich ergebenden degressiven Kostenverlauf als Funktion der Anlagengröße. Bei Heizkraftwerken sind die Anlagekosten, bezogen auf die elektrische Leistung, etwa um 20 % höher als bei Kraftwerken, die lediglich der Stromerzeugung dienen. Bei der Errechnung der Annuität wurde von 17 Jahren Abschreibungszeit und einem jährlichen Zinssatz von 8 % ausgegangen, was eine Abschreibungsrate von 10.9 % ergibt.

Die Betriebskosten werden in den Modellrechnungen nur durch die Brennstoffkosten bestimmt. Es wird von einem Preis von 200 DM pro t schweres Heizöl mit einem Schwefelgehalt von 2.6 % ausgegangen. Für die Entschwefelungskosten auf 1 % Schwefelgehalt wird ein Betrag von 50 DM/t Öl und auf 0,5 % Schwefelgehalt ein Betrag von 57 DM/t Öl angegeben /MANDEL u. a. (1975), S. 25/. Der Schwefelgehalt des Ausgangsöls und damit auch die Entschwefelungskosten sind sehr unterschiedlich; die oben genannten Werte gelten für den Öltyp Gach. SARAN (Iranian heavy), der einen Schwefelgehalt des atmosphärischen Rückstandes von 2.6 Gew. % ergibt. Der Schwefelgehalt des Rückstandes kann je nach Öltyp zwischen 1,5 und 5 % schwanken. Die Kosten für Abgasentschwefelung auf einen Wert, der 0,5 % schwefelhaltigem Brennstoff entspricht, hat einen stark degressiven Verlauf /MANDEL u. a. (1975), S. 27/. Der in Abb. 5.17 gezeigte Kostenverlauf gilt für das kostengünstigste Abgasentschwefelungsverfahren, das sog. IFP-Verfahren, das mit dem Agens Ammoniak (NH_3) arbeitet und elementaren Schwefel (S) ergibt. Der degressive Kostenverlauf wurde bei /MANDEL u. a. (1975), S. 27/ nur bis zu einer installierten Leistung von 600 MWe aufgezeigt; bei den Rechnungen wurde die Degressionsrate zwischen 400 und 600 MWe auch für höhere Leistungen extrapoliert.

Bei den Kosten für Stromtransport und für Kühlwassertransport mußte von linearem Kostenverlauf als Funktion der installierten Leistung ausgegangen werden, da nur jeweils ein Kostenwert für eine spezifische Leistung erhalten werden konnte. Die Investitionskosten für die Anlagen des Stromtransports wurden von einem Energieversorgungsunternehmen mit 25 000 DM/ (km·100 MWe) und für die Anlagen des Kühlwassertransports mit 200 000 DM/ (km·100 MWe) angegeben. Der Kühlwassertransport geschieht dabei durch eine

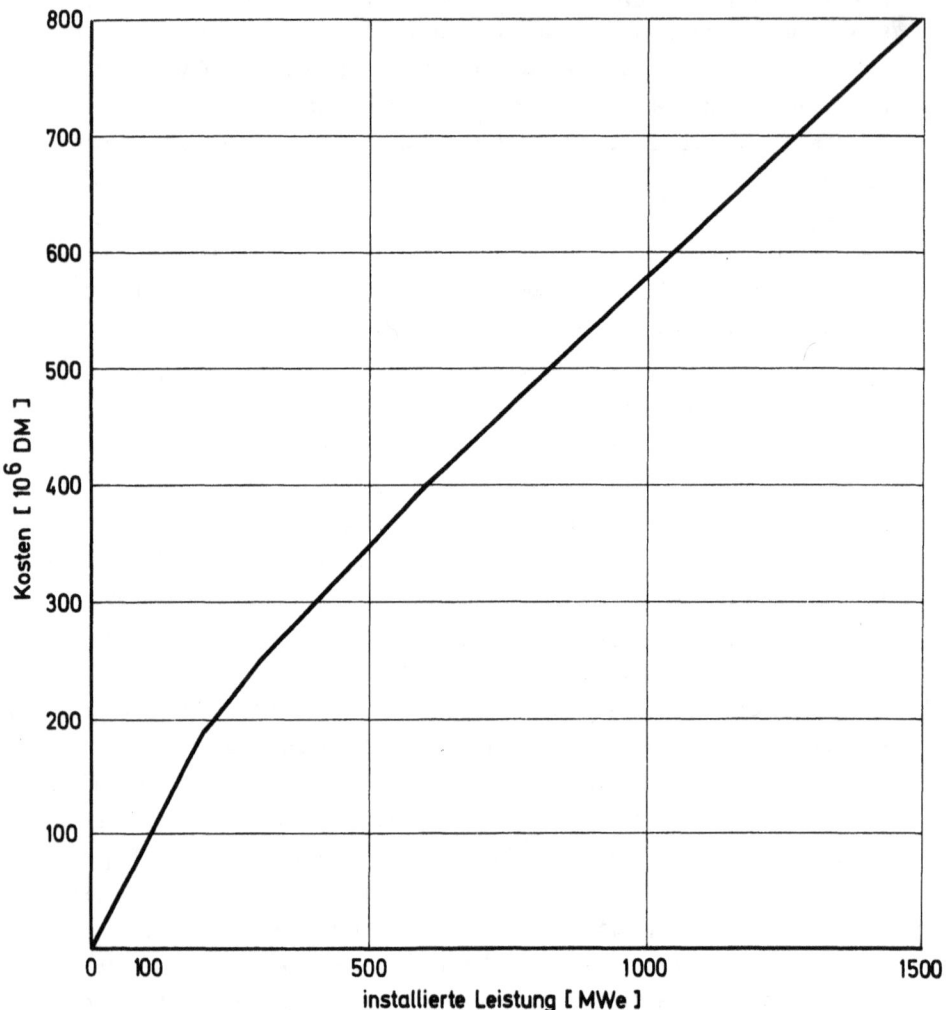

Abb. 5.16 Kostenverlauf für die Anlagekosten von fossil befeuerten Kraftwerken in Abhängigkeit von der installierten Leistung

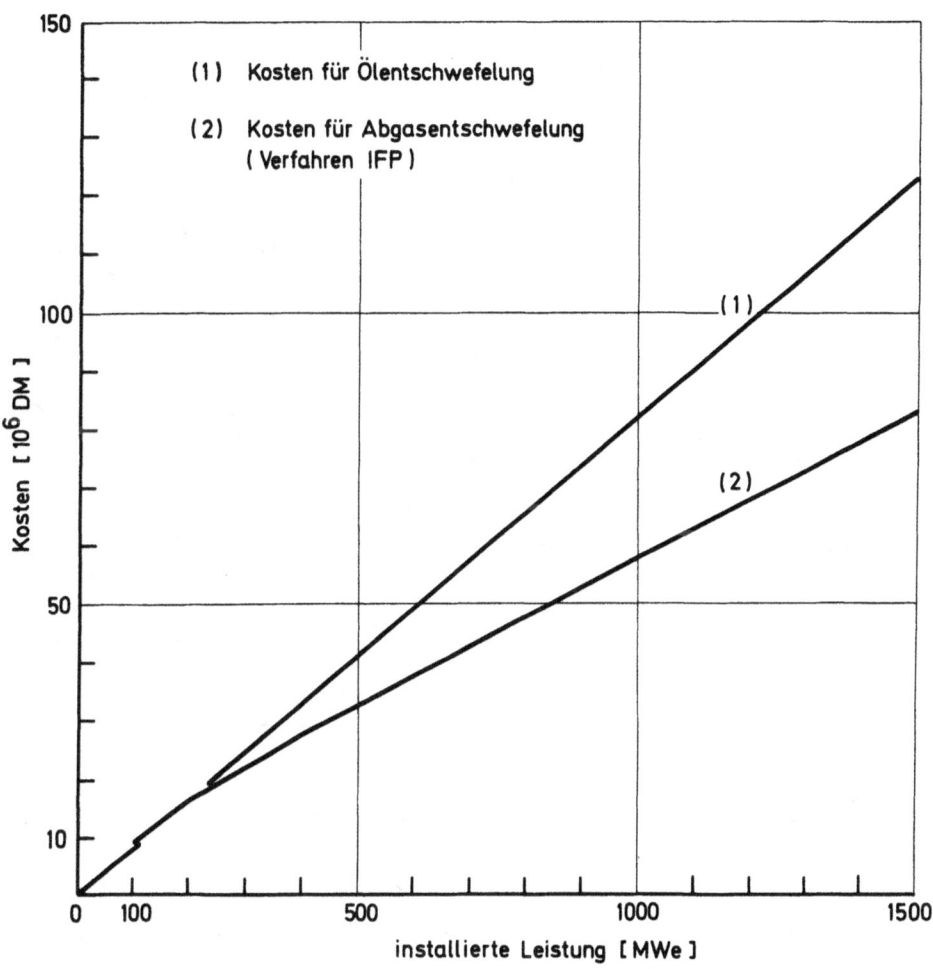

Abb. 5.17 Jährliche Kosten der Abgas- und Ölentschwefelung auf etwa 0.5% S in Abhängigkeit von der installierten Leistung bei 6000 Betriebsstunden / Jahr

Einrohrleitung, die das notwendige Zusatzwasser für den Kühlturmbetrieb liefert. Bei 17 Jahren Abschreibungszeit und einem jährlichen Zinssatz von 8 % wird eine Annuität von etwa 2 700 DM/(km·100 MWe·a) für den Stromtransport von etwa 22 000 DM/(km·100 MWe·a) für den Kühlwassertransport erhalten.

Die Programmstudie /"Sekundärenergie" KFA Jülich (1975), S. 388/ gibt die Wärmetransportkosten in Abhängigkeit der Transporthöchstlast für 4000 und 6000 Benutzungsstunden pro Jahr an. Aus diesen Werten können spezifische Jahreskosten pro installierter Höchstlast und pro Kilometer berechnet werden.

Tab. 3: Spezifische Jahreskosten für Fernwärmetransport

Höchstlast MWth	Jahreskosten bei 4000 Betriebsstunden/a DM/(MWth·km·a)	Jahreskosten bei 6000 Betriebsstunden/a DM/(MWth·km·a)
431	1774	1078
1078	1577	986
2155	1310	858

Der sich ergebende schwach degressive Kostenverlauf ist in Abb. 5.18 dargestellt.

Mit der Annahme von 4000 Betriebsstunden pro Jahr für die Fernwärmeversorgung kann ein mittlerer Winterverbrauch für die Dauer von knapp 6 Monaten befriedigt werden, bei 6000 Betriebsstunden pro Jahr ist eine Fernwärmeversorgung für einen Zeitraum von mehr als 8 Monaten möglich. Bezogen auf die Kraftwerkseinheit 100 MWe ergibt sich bei der installierten Höchstlast von 2155 MWth bei 4000 Betriebsstunden/a ein Jahreskostenwert von etwa 148 000 DM/ (100 MWe·km·a) und bei 6000 Betriebsstunden von etwa 98 500 DM/ (100 MWe·km·a). Dies sind sehr hohe Werte im Vergleich zum Jahreskostenwert von etwa 22 000 DM/ (100 MWe·km·a) für das technisch ähnlich aufgebaute Kühlwassertransportsystem. Beim Kühlwassertransportsystem handelt es sich

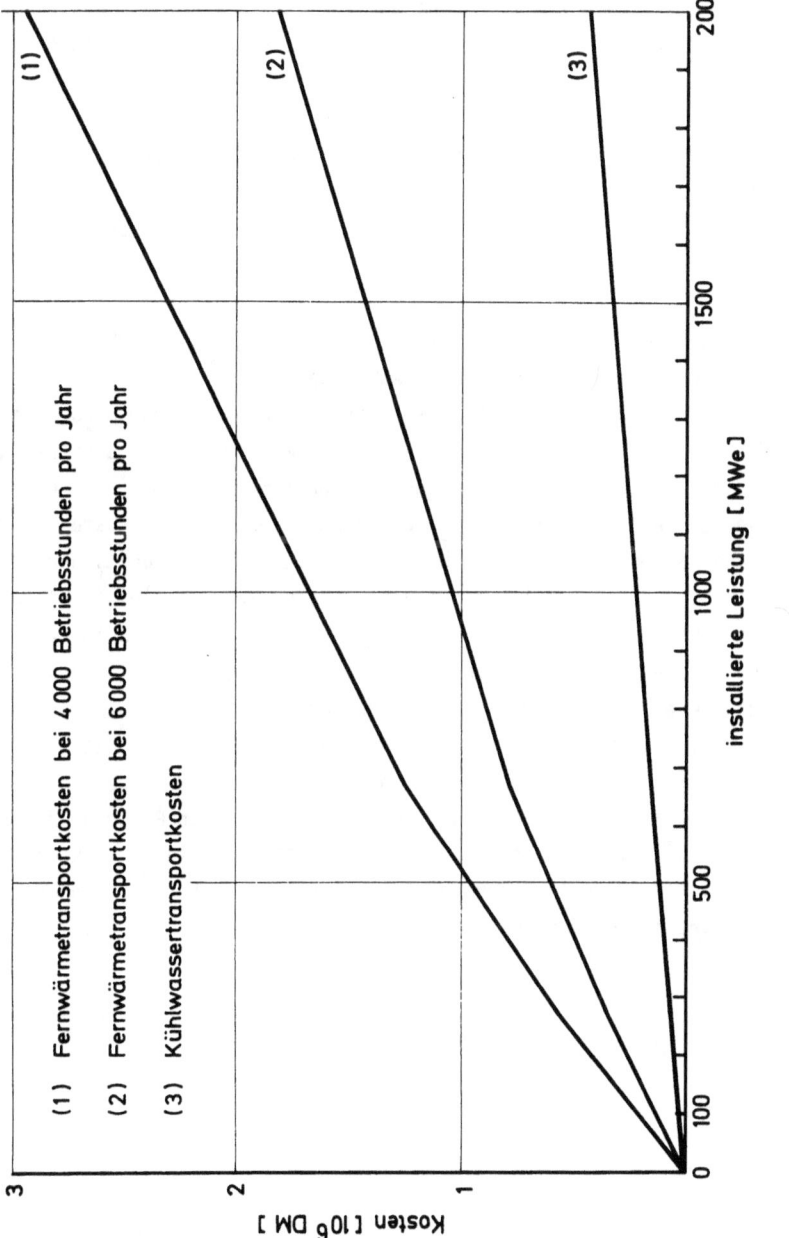

Abb. 5.18 Jährliche Kosten für Fernwärme- und Kühlwassertransport pro km in Abhängigkeit von der installierten Leistung

um eine Einrohrleitung zum Transport des für den Kühlturmbetriebs notwendigen Zusatzwasser, bei dem Fernwärmetransportsystem um ein geschlossens Doppelrohrsystem. Es sollte daher nur ein Kostenunterschied um etwa einen Faktor zwei zwischen Kühlwasser- und Fernwärmetransportsystem bestehen. Der erheblich größere Kostenunterschied läßt auf sehr pessimistische Annahmen bezüglich Verlegungskosten, Kapitalverzinsung und/oder Abschreibungszeit für das Fernwärmetransportsystem in der Programmstudie /"Sekundärenergie" KFA Jülich (1975), S. 172/ schließen.

Bei den Kosten entsprechend Programmstudie wurde der Fall 6 000 Betriebsstunden pro Jahr gewählt. Der Spitzenwärmebedarf wird dabei durch Zusatzheizwerke zu befriedigen sein. Das Kühlwassertransportsystem wird auch für Heizkraftwerke so ausgelegt, daß auch die gesamte bei voller elektrischer Leistung anfallende Abwärme über einen Naßkühlturm abgegeben werden kann. Die Rechnungen werden einmal mit durchgehend linearisierten Kosten durchgeführt und darüber hinaus mit stückweise linearen Kostenfunktionen, die den degressiven Kostenverlauf bestmöglich beschreiben. Mit Hilfe dieser stückweisen Linearisierung wird der Kostenverlauf der Kostenanteile - Investitionskosten des Kraftwerksbaus bzw. Heizkraftwerksbaus, Jahreskosten des Sekundärenergietransports und Betriebskosten einer Rauchgasentschwefelungsanlage - approximiert. Eine gute Näherung wird dabei bereits durch zwei lineare Teilstücke für den Bereich 0-100 MWe und 100-1500 MWe erreicht; 1500 MWe ist die größtmögliche Anlageneinheit die in den Rechnungen erhalten werden kann. Alle Kostendaten haben nur beispielhaften Charakter zur Verwendung in den Modellrechnungen; für konkrete Entscheidungen müssen detailliertere Kostenuntersuchungen durchgeführt werden.

5.2.2 Ergebnisse für Standortverteilungen und Betriebsweisen

Es werden Standortverteilungen und Betriebsweisen für ein integriertes Energieversorgungssystem in der Region "Nördlicher Oberrhein" vorgestellt, das außer Kraftwerken auch Heizkraftwerke und die zugehörigen Transporteinrichtungen umfaßt. Die betrachteten Verdichtungsräume können mit Strom und Niedrigtemperaturwärme versorgt werden. Standardeinheiten sind, wie bereits beschrieben, 100 MWe-Kraftwerke bzw. 100 MWe-Heizkraftwerke, die mit Brennstoffen verschieden hohen Schwefelgehaltes (2.6 %, 1 %, 0.5 %), sowie mit Rauchgasentschwefelungsanlagen betrieben werden können. Bei einem 100 MWe-Heizkraftwerk fallen 162 MWth als Fernwärmeleistung an. Es soll eine elektrische Leistung bzw. eine Heizleistung installiert werden, um den Strombedarf bzw. den mittleren Winterwärmebedarf der Energieverbrauchszentren zu gewährleisten. Es wurden Rechnungen mit den in Kap. 5.2.1.3 beschriebenen Kostenannahmen für den Fall Umweltstandards entsprechend Normalgebiet (140 µg SO_2/m^3) und darüberhinaus für den Fall Umweltstandards entsprechend Reinluftgebiet (60 µg SO_2/m^3) durchgeführt. Neben den Kostenannahmen wurden noch die einzuhaltenden Umweltgütestandards variiert.

Der Fall Umweltgütestandards entsprechend Normalgebiet führt zur Standortverteilung Abb. 5.19. Die Kraftwerke liegen möglichst flußnahe, die Heizkraftwerke möglichst verbrauchernahe, so daß außer den Fernwärmeverteilungskosten zum Endverbraucher keine weiteren Fernwärmetransportkosten entstehen. Es ergeben sich meist Ballungen von 100 MWe-Einheiten. In allen Anlagen wird Brennstoff mit dem höchstmöglichen Schwefelgehalt (2.6 %) verbrannt. Die Umweltrestriktionen werden an keinem Ort der Region voll ausgeschöpft. Es ergeben sich daher auch keine Aktivitäten des dualen Problems, die die Grenzkosten bei Verschärfung der Immissionsrestriktionen anzeigen würden.

Umweltstandards entsprechend Reinluftgebiet führen bei Abzug der bereits existierenden Immissionsstruktur, sowie von 20 µg SO_2/m^3, verursacht durch entfernte Quellen (Kap. 5.2.1.1), zu keiner zulässigen Lösung des Problems. Es wurden daher zwei Annahmen mit geringerem Immissions-Anteil für ferne Quellen gemacht:

Annahme 1: Immissionsanteil von fernen Quellen beträgt 15 µg SO_2/m^3
Annahme 2: Immissionsanteil von fernen Quellen beträgt 19 µg SO_2/m^3

Obwohl sich die Annahmen nur sehr geringfügig unterscheiden, sind die Ergebnisse der Rechnungen (Abb. 5.20 und 5.21) sehr verschieden. In beiden Fällen ergeben sich zwar Anlageneinheiten an den Grenzen des zulässigen Quellpunktrasters, während jedoch bei Annahme 1 die schärferen Umweltstandards noch ausschließlich durch Quellpunktverschiebung von Anlagen erreicht werden, bei Betrieb mit Brennstoff von hohem Schwefelgehalt (2.6 %), ist bei Annahme 2 darüber hinaus der Einsatz von schwefelärmerem Brennstoff bzw. von Rauchgasentschwefelungsanlagen notwendig. Zu betonen ist bei diesen Ergebnissen, daß bei dem augenblicklichen Stand der Entschwefelungskosten Umweltstandardverschärfungen kostengünstiger durch Standortverlagerungen erreicht werden können als durch Einsatz von entschwefelten Brennstoffen; nur bei sehr stark verschärften Umweltstandards ist dieser Einsatz unumgänglich. Die Rechnungen bei verschärften Umweltstandards ergeben in der Umgebung des Aufpunktes 34 (östlich von MANNHEIM) eine volle Ausschöpfung der vorgegebenen Umweltrestriktionen. Das duale Problem liefert damit für diesen Aufpunkt einen Wert, den sog. Schattenpreis, der die Grenzkosten bei Verschärfung der Immissionsrestriktionen um eine Einheit ausdrückt. Dieser Grenzkostenwert liegt bei Annahme 1 - Immissionsbeitrag durch ferne Quellen 15 µg SO_2/m^3 - bei etwa 10 Mill. DM und bei Annahme 2 - Immissionsbeitrag durch ferne Quellen 19 µg SO_2/m^3 - bei etwa 100 Mill. DM. Diese hohen Kostenwerte sind damit Hinweis für die Raumplanung, daß eine Zuweisung dieser sog. Hauptbelastungsgebiete als Siedlungs- oder Erholungsgebiet als nicht geeignet erscheint.
Von besonderem Interesse ist, wie sich eine Senkung des Preises für die Entschwefelung des Brennstoffs auf die Ergebnisse auswirkt. Es wurden Rechnungen durchgeführt, in denen der Kostenterm für die Entschwefelung des 1 % - und des 0,5 %-schwefelhaltigen Brennstoffs in 10 %-Schritten gesenkt wurde. Bei o. g. Annahme 1 wird erst bei 70 % Reduktion des Entschwefelungspreises eine modifizierte Lösung erhalten; eine kleine Heizkraftwerkseinheit von 160 MWe, die mit Brennstoff von 0,5 % Schwefel betrieben wird, verschiebt sich in Richtung Verbrauchszentrum. Erst bei Reduktion der Entschwefelungskosten um 80 % wird fast die gesamte Fernwärmeleistung mit Brennstoff von 0,5 % Schwefel erbracht, die Standorte rücken näher an die

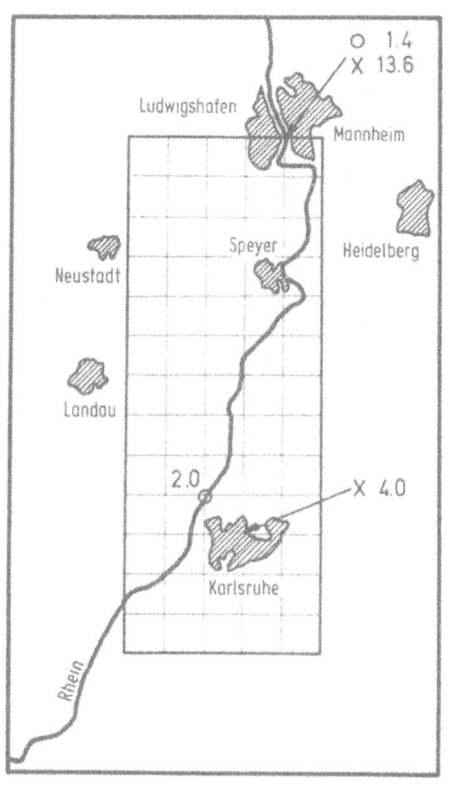

Abb. 5.19

Standortverteilung und Betriebsweisen für 100 MWe-Kraftwerks- bzw. Heizkraftwerkseinheiten in dem Quellpunktraster bei günstigsten Kosten.
Stromerzeugungskapazität: 2,1 GWe
Wärmeerzeugungskapazität: 2850 MWth
Umweltstandards : Normalgebiet (140 µg SO_2/m^3)

	2.6% S	1% S	0.5% S	Rauchgas-entschwefelung
Kraftwerke	○	◉	◎	●
Heizkraftwerke	X	𝕏	𝕏	𝕏

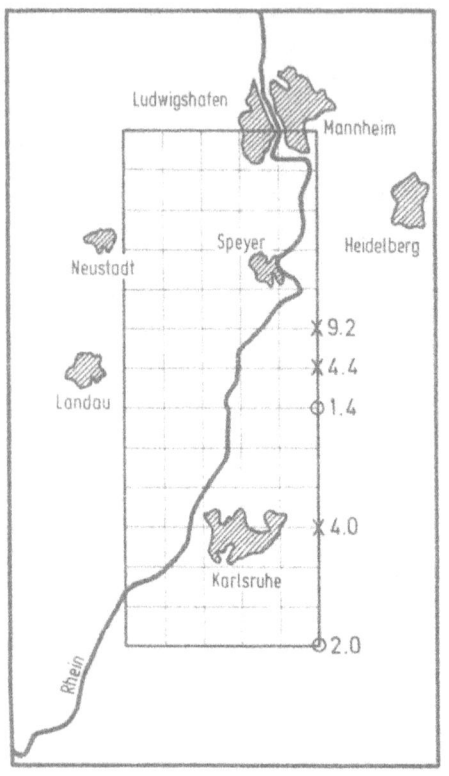 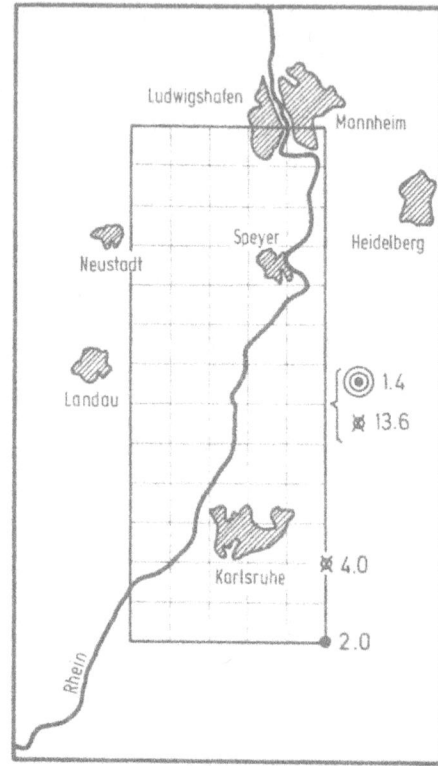

Abb. 5.20   Abb. 5.21

Standortverteilung und Betriebsweisen für 100 MWe-Kraftwerks- bzw. Heizkraftwerkseinheiten in dem Quellpunktraster bei günstigsten Kosten

Stromerzeugungskapazität : 2,1 GWe
Wärmeerzeugungskapazität : 2850 MWth
Umweltstandards : Reinluftgebiet (60 µg SO_2/m^3)
Annahme für Immissionsbeitrag von fernen Quellen :
15 µg SO_2/m^3 19 µg SO_2/m^3

	2.6% S	1% S	0.5% S	Rauchgas-entschwefelung
Kraftwerke	O	◎	◉	●
Heizkraftwerke	X	✗	✗	✗

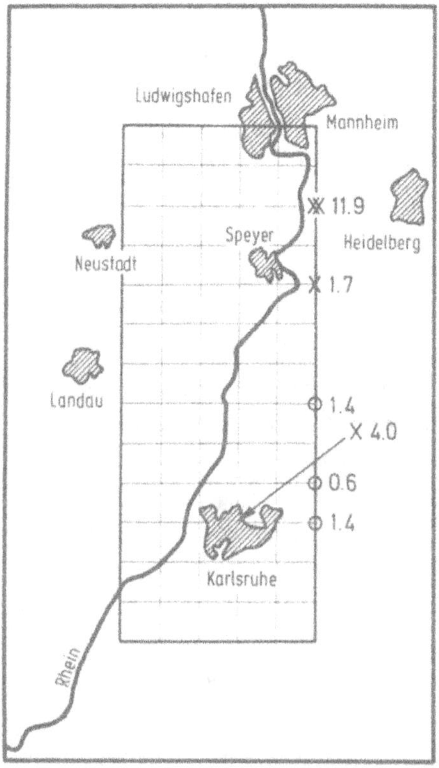

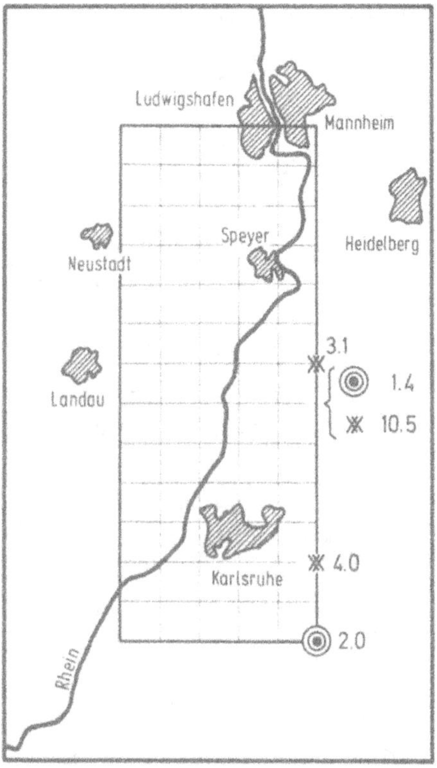

Abb. 5.22 | Abb. 5.23

Standortverteilung und Betriebsweisen für 100 MWe-Kraftwerks- bzw. Heizkraftwerkseinheiten in dem Quellpunktraster bei günstigsten Kosten und Reduktion der Brennstoffentschwefelungskosten

Stromerzeugungskapazität : 2,1 GWe

Wärmeerzeugungskapazität : 2850 MWth

Umweltstandards : Reinluftgebiet (60 μg SO_2/m^3)

Annahme für Immissionsbeitrag von fernen Quellen :

15 μg SO_2/m^3 | 19 μg SO_2/m^3

	2.6% S	1% S	0.5% S	Rauchgas-entschwefelung
Kraftwerke	○	◎	◉	●
Heizkraftwerke	X	⋇	⋇	⋇

Verbrauchszentren bzw. in die Verbrauchszentren (Abb. 5.22). Auch bei o. g. Annahme 2 ist das in Abb. 5.21 gezeigte Ergebnis sehr wenig sensitiv auf Änderung der Brennstoffentschwefelungskosten. Erst bei einer Reduktion der Entschwefelungskosten von 60 % wird die in Abb. 5.23 gezeigte modifizierte Lösung erhalten, die sich jedoch nur geringfügig von der in Abb. 5.21 unterscheidet. Auch bei diesen Sensitivitätsrechnungen ergibt sich für den Aufpunkt 34 ein Ausschöpfen der Umweltrestriktionen. Die Schattenpreise für diesen Aufpunkt sinken dabei mit wachsender Reduktion der Entschwefelungskosten.

Die sich insgesamt ergebenden jährlichen Kosten von etwa 920 Mill. DM für den Fall Umweltstandards entsprechend Reinluftgebiet (Annahme 1) und etwa 880 Mill. DM für den Fall Umweltstandards entsprechend Normalgebiet, haben nur einen sehr eingeschränkten Aussagewert, da, wie bereits gesagt, die Kostenwerte nur beispielhaften Charakter besitzen. Interessanter ist jedoch der Differenzbetrag von 40 Mill. DM, der für die verbesserten Immissionsbedingungen bezahlt werden muß. Der wesentliche Anteil dieser Kosten wird durch die höheren Kühlwasser- und besonders die höheren Fernwärmetransportkosten versursacht. Würde dieser erhöhte Kostenbetrag z. B. auf den Wärmepreis von im Augenblick etwa 12 DM/GJ aufgeschlagen, so würde bei einem ungefähren Gesamtverbrauch von 56 000 TJ/a in den beiden Verdichtungsräumen und der Annahme, daß 70 % dieses Verbrauchs durch Fernwärme gedeckt wird, sich ein Betrag von etwa 1 DM/GJ ergeben; dies ist weniger als 10 % des augenblicklichen Wärmepreises. Problematisch bei dieser Betrachtung ist nur, daß keine exakte Angabe über die Verbesserung des Immissionszustandes möglich ist, sondern nur die pauschale, daß Umweltstandards einer entsprechenden Güteklasse eingehalten werden. Eine solche Bewertung des erhaltenen Umweltzustandes wird in Kap. 5.3 versucht.

5.2.3 Ergebnis einer Kostenanalyse für verschärfte Umweltqualitätsnormen

Um die Stabilität der erhaltenen Lösungen für die Standortverteilungen innerhalb des Quellpunktrasters bei Parametervariation zu prüfen, wurden Sensitivitätsanalysen sowohl für die Parameter der Zielfunktion als auch für die Parameter des Restriktionensystems durchgeführt. Von besonderem Interesse ist dabei die Untersuchung des Kostenverlaufs über der Umweltgüte, d.h. des Zusammenhangs zwischen Kostenanstieg und verschärften Immissionsstandards.

Abb. 5.24 zeigt das Ergebnis dieser Analyse für die Region "Nördlicher Oberrhein" bei der installierten Erzeugungskapazität von 2.5 GWe. Der Maßstab für Umweltgüte orientiert sich an den geltenden Immissionsstandards. Umweltgüte 1 wird dem Immissionswert für den SO_2-Immissionsstandard für Normalgebiete mit 140 µg SO_2/m^3 gleichgesetzt. Für die Rechnungen wurde von einem Basiswert von 120 µg SO_2/m^3 ausgegangen, der Differenzbetrag von 20 µg SO_2/m^3 berücksichtigt den Immissionsuntergrund aus natürlichen und entfernten anthropogenen Quellen. Der aufgezeigte Variationsbereich für Umweltgüte auf der Skala von Abb. 5.24 umfaßt den Bereich von Immissionsstandards für Normalgebiete bis Immissionsstandards für Reinluftgebiete. Die gefundene sog. Basislösung für die Standortverteilung bleibt bis Umweltgüte 1.3 erhalten d. h. die gefundenen Standortverteilung und die erhaltenen Betriebsweisen erfüllen auch die Umweltgüte 1.3. Jede weitere Erhöhung der Umweltgüte wird nur durch andere Lösungen bei erhöhten Kosten erreicht. Eine Erhöhung der Umweltgüte durch günstigere Standortwahl auf den Wert 1.6 kann noch bei der geringen Kostenerhöhung von etwa 3 % erreicht werden. Eine weitere Erhöhung der Umweltgüte, insbesondere bis zum Standard von Reinluftgebieten (~ 40 µg SO_2/m^3) führt zu sehr kostenungünstigen Lösungen.

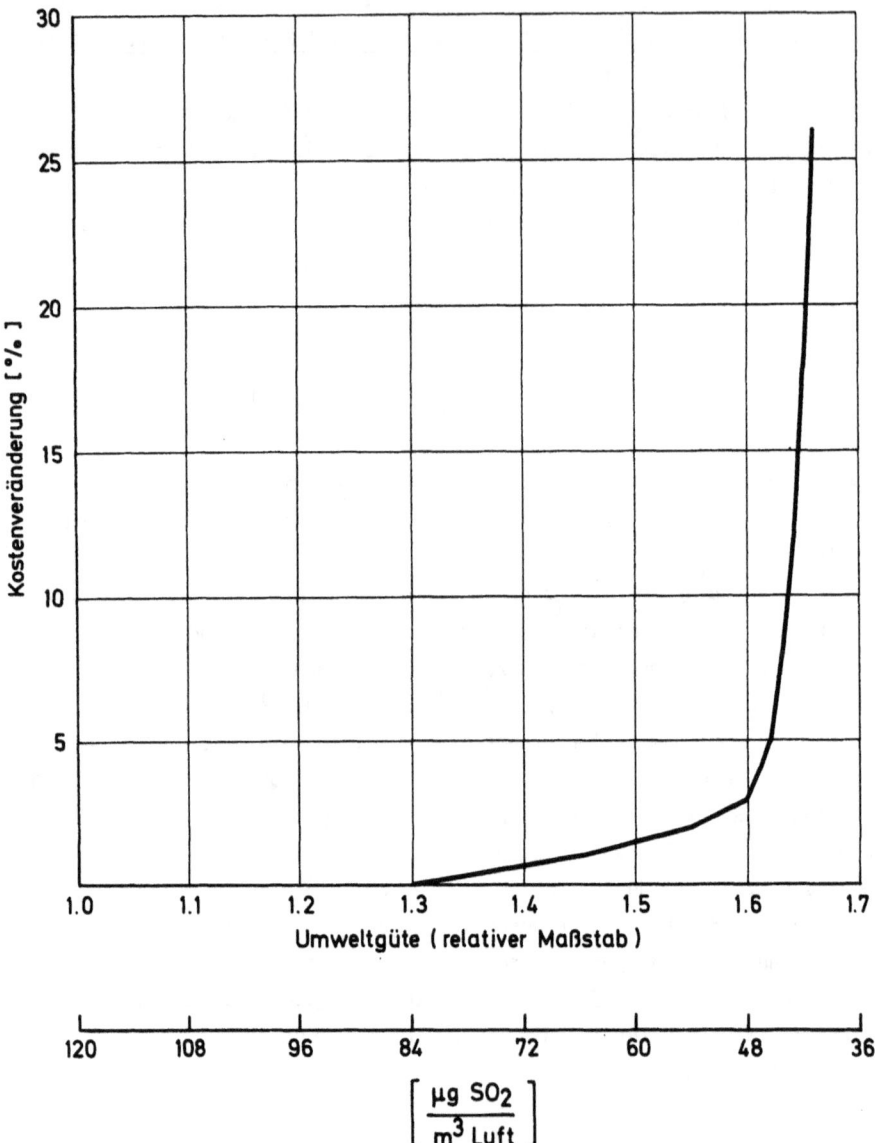

Abb. 5.24 Kostenverlauf bedingt durch veränderte Standortwahl und Betriebsweisen eines Energieversorgungssystems von 2.5 GWe Leistung innerhalb der Region "Nördlicher Oberrhein" als Funktion der Umweltgüte

5.3 Ergebnisse des Umweltplanungsmodells zur Errechnung von Kompromißlösungen für Standorte

Kostengünstigste Lösungen für Standortwahl und Betriebsweisen von großtechnischen Anlagen werden auch bei Einhaltung von Umweltstandards nur selten umweltpolitischen Zielvorstellungen entsprechen, dies gilt insbesondere in Regionen, in denen die Belastung noch nicht die Umweltstandards erreicht hat. Bei der Standortwahl von kerntechnischen Anlagen mit ihrem besonderen Risiko zeigt sich diese Einschätzung bereits sehr deutlich. Es erscheint daher gerechtfertigt, Lösungen anzustreben, die Kompromisse zwischen ökologischen und ökonomischen Zielvorstellungen darstellen.

5.3.1 Gesamtmodell zur Errechnung bester Kompromißlösungen für Standorte

Ziel der Modellrechnungen ist es, günstigste Kompromißlösungen für die Standorte von energieerzeugenden Anlagen in einer Region zu errechnen. Kriterien für diesen Kompromiß sind dabei die verschiedenen Zielvorstellungen. In Kap. 2 wurden die unterschiedlichen ökonomischen und ökologischen Zielvorstellungen vorgestellt und in Kap. 3 die entsprechenden Zielfunktionen formuliert. Es wird von den Zielvorstellungen 1 und 2 aus Kap. 2 ausgegangen.

Zielvorstellung 1: Minimierung der bei der Standortwahl von energieerzeugenden Anlagen entsprechenden Kosten

Zielvorstellung 2: Die Kollektivbelastung durch Immission soll minimiert werden.

Für die Zielvorstellung 1 wurde in Kap. 5.2 bereits eine detaillierte Zielfunktion entwickelt und dargestellt. Für Zielvorstellung 2 - minimale Kollektivbelastung durch Immission - läßt sich die Zielfunktion als Summe der proportional zur Bevölkerungsdichte gewichteten Immissionswerte über alle Aufpunkte der Region darstellen. Die Notwendigkeit einer solchen Zielfunktion wurde bereits in Kap. 3.2.2 mit der eingeschränkten Bedeutung der Umweltgütestandards begründet. Für die Zielfunktion ergibt sich dann der folgende Ausdruck:

$$\sum_{i=1}^{m} p_i \cdot x_i$$

mit $x_i := \sum_{j=1}^{n} T_{ij} \cdot x_j$

$\underline{x} = \begin{pmatrix} x_1 \\ \vdots \\ x_n \end{pmatrix} \epsilon\ X, \quad X = \{\underline{x} | T \cdot \underline{x} \leq b \ \wedge\ T1 \cdot \underline{x} \geq \underline{b1} \ \wedge\ \underline{x} \geq \underline{0}\}$

x_i Immission am Aufpunkt i

p_i Gewichtung des Aufpunktes i entsprechend der Bevölkerungsdichte

T_{ij} Element der Umwelttransfermatrix T(mxn), das den Einfluß einer spezifischen Emission (Emission pro Besetzungszahl x_j) am Quellpunkt j auf die Immission am Aufpunkt i beschreibt

x_j Besetzungszahl des Quellpunktes j mit Standardkraftwerken (100 MWe)

Gesucht ist die Verteilung der Besetzungszahlen (Standortverteilung) des vorgegebenen Quellpunktrasters mit 100 MWe - Kraftwerkseinheiten, die die geringste Bevölkerungsbelastung ergibt. Der durch die Nebenbedingungen bestimmte Lösungsraum X wird in Kap. 3.2.4 sowie Kap. 5.2 detailliert beschrieben.

Modellrechnungen für die verschiedenen Zielvorstellungen werden unterschiedliche Standortverteilungen ergeben. Es sollen daher Kompromißlösungen für die Standortverteilungen angestrebt werden. Solche Kompromißlösungen enthalten immer Bewertungen für die einzelnen Zielvorstellungen. Bei diesen Bewertungen spielen immer subjektive Momente sowie gruppenspezifische Interessenhaltungen eine besondere Rolle. Eine besondere Bewertungsproblematik liegt dann vor, wenn, wie bei dem zu lösenden Problem, sich die einzelnen Zielgrößen nicht alle monetär quantifizieren lassen /FUNCK (1976), S. 20ff./. Die Ermittlung einer Präferenzstruktur, die Aufschluß über die Bewertung gibt, stellt ein sehr umfangreiches methodisches Problem bezüglich Erfassung und Aggregation der Einzelpräferenzen dar. Darüber hinaus liegt in der Auswahl der Entscheider bzw. der an der Entscheidung beteiligten Gruppen, deren Präferenzen bestimmt werden sollen, eine brisante politische Problematik. Weiterhin bleibt es fraglich, ob eine einmal ermittelte und aggregierte Präferenzfunktion dem gerecht wird, was als öffentliche Meinung durch die verschiedenen Medien vermittelt und artikuliert wird. Es wird daher davon ausgegangen, daß die vorhandenen Institutionen, die Planungsinitiativen entwickeln, die administrative Kontrolle ausüben und die die Öffentlichkeit bzw. die öffentliche Meinung repräsentieren eine hinreichende institutionelle Rationalität sicherstellen. Problematisch bleibt jedoch bei vielen Planungsentscheidungen, daß

1.) die Sachkomplexität bezüglich der Folgewirkungen nicht hinreichend aufgearbeitet wird, und

2.) Bewertungen und Sachkomplexität oft nicht in befriedigendem Maße getrennt werden.

Diese Forderungen soll der gewählte Ansatz erfüllen. Es wird dabei nicht von einer extern ermittelten Präferenzstruktur ausgegangen, sondern es wird vielmehr ein pragmatisches Vorgehen gewählt, das versucht, für analytisch erhaltene Kompromißlösungen die Bewertungen für einzelne Zielvorstellungen quantitativ auszuweisen. Diese quantitative Ausweisung wird als Entscheidungshilfe angesehen. Es liegt hierbei ein doppeltes Bewertungsproblem vor, einmal müssen unterschiedliche Zielerreichungen für die einzelnen Ziele bewertet werden, darüber hinaus muß die Aggregation der Einzelziele geleistet werden.

Die Ermittlung der Kompromißlösung vollzieht sich in den folgenden Einzelschritten unter Zuhilfenahme von Modellrechnungen für Zielfunktion 1 und 2.

1.) Ermittlung einer Skalierung für die Zielerreichung der einzelnen Ziele im Lösungsraum.

2.) Ermittlung von Kompromißlösungen für die Zielerreichung der einzelnen Ziele mit verschiedenen Ansätzen.

3.) Beurteilung der erhaltenen Ergebnisse.

Die Zielerreichungen für die Einzelziele werden durch sog. Zielerreichungsgrade auf entsprechenden Skalen bestimmt. Zur Festlegung der Skalen dienen die sich im Rahmen der Handlungsmöglichkeiten ergebenden "günstigsten" und "ungünstigsten" Lösungen für die jeweilige Zielvorstellung. Der Rahmen der Handlungsmöglichkeiten wird durch die Nebenbedingungen festgelegt, dies sind einmal die Umweltgütestandards, weiterhin die am Energiebedarf innerhalb der Region orientierte installierte Leistung, und schließlich der gegebene Stand der Technik. Diese Rahmenbedingungen bestimmen den mathematischen Lösungsraum. Normierung der Skalen d.h. Abbildung des Intervalls "günstigste - ungünstigste" Lösung auf das Intervall /0,1/ ermöglicht die Definition von Zielerreichungsgraden und damit die unmittelbare Vergleichbarkeit.

Die auf den normierten Skalen definierten Zielerreichungsgrade sind identisch mit Wertfunktionen. Zur Ermittlung von Kompromißlösungen ist die Aggregation dieser Wertfunktionen, d.h. die gewichtete Zusammenfassung der Einzelwertfunktionen zu einer übergeordneten Wertfunktion, notwendig. Da keine Aussagen über die relative Einschätzung der Einzelzielvorstellungen vorliegen, erscheint es akzeptierbar, beide als gleichbedeutend anzunehmen. Es gilt Kompromißlösungen zu suchen, die diese Gleichrangigkeit sicherstellen. Es werden zwei Verfahren gewählt, um solche Lösungen zu erhalten:

1.) Maximierung der Summe der Einzelzielerreichungsgrade (SZG)

2.) Maximierung des gemeinsamen Mindestzielerreichungsgrades für beide Zielfunktionen (GMZG)

Verfahren 1.) entspricht einer gleichgewichtigen Addition der beiden Wertfunktionen (Einzelzielerreichungsgrade) zu einer gemeinsamen Wertfunktion. Das Optimalitätskriterium stellt allerdings nicht sicher, daß nicht eventuell sehr unterschiedliche Einzelzielerreichungsgrade erhalten werden. Der Vorteil dieses Verfahrens besteht, wie in Kap. 3 gezeigt, in der Möglichkeit, die Gewichtung der Einzelzielfunktionen in dem zum Vektormaximumproblem äquivalenten parametrischen Optimierungsproblem unmittelbar anzugeben. Es ist dabei das folgende Problem zu lösen:

$$\max (v_1 + v_2)$$
bei Einhaltung der Nebenbedingungen

$$c_1(\underline{x}) - (c_1(\underline{x}_1^*) - c_1(\underline{\bar{x}})) \cdot v_1 \leq c_1(\underline{\bar{x}}_1)$$

$$c_2(\underline{x}) - (c_2(\underline{x}_2^*) - c_2(\underline{\bar{x}})) \cdot v_2 \leq c_2(\underline{\bar{x}}_2)$$

$$\underline{x} \in X; \ X = \{\underline{x} | T \cdot \underline{x} \leq \underline{b} \land T1 \cdot \underline{x} \geq b1 \land \underline{x} \geq \underline{0} \land \underline{v} \geq \underline{0}\}$$

mit

$c_1(\underline{x})$, $c_2(\underline{x})$	Zielfunktion 1 bzw. 2
$\underline{x}_1^*$, $\underline{x}_2^*$	"günstigste" Lösung für Zielfunktion 1 bzw. 2
$\underline{\bar{x}}_1$, $\underline{\bar{x}}_2$	"ungünstigste" Lösungs für Zielfunktion 1 bzw. 2
v_1, v_2	Zielerreichungsgrad für Zielfunktion 1 bzw. 2

Die Lösung des Problems ergibt dabei sowohl die Zielerreichungsgrade v_1 und v_2 als auch den Kompromißbesetzungsvektor $\underline{x}$. Die ersten beiden Nebenbedingungen stellen sicher, daß die Einzelerreichungsgrade mindestens erreicht werden. Die weiteren Nebenbedingungen bestimmen den schon bei den skalarwertigen Problemen (Ermittlung der Skalierung) vorgegebenen Lösungsraum.

Verfahren 2.) entspricht keiner unmittelbaren Aggregation der Einzelziele. Der spieltheoretische Ansatz (Kap. 3) - Wahl der Strategie in Unkenntnis der Strategienwahl des Gegenspielers - stellt jedoch eine gleichrangige Berücksichtigung der Einzelzielvorstellungen sicher. Der Spielwert hat dabei die Bedeutung eines Mindestzielerreichungsgrades, der für beide Zielvorstellungen erreicht werden muß, für einzelne jedoch auch überschritten werden kann. Es gilt das folgenden Problem zu lösen:

$$\max v$$
bei Einhaltung der Nebenbedingungen

$$c_1(\underline{x}) - (c_1(\underline{x}^*) - c_1(\underline{\bar{x}})) \cdot v \leq c_1(\underline{\bar{x}})$$

$$c_2(\underline{x}) - (c_2(\underline{x}^*) - c_2(\underline{\bar{x}})) \cdot v \leq c_2(\underline{\bar{x}})$$

$\underline{x} \in X; X = \{\underline{x} | T \cdot \underline{x} \leq \underline{b} \wedge T1 \cdot \underline{x} \geq \underline{b1} \wedge \underline{x} \geq \underline{0} \wedge v \geq 0\}$

mit   v   Mindestzielerreichungsgrad für beide Zielfunktionen

Die Lösung des Problems ergibt wiederum sowohl den Mindestzielerreichungsgrad v als auch den Kompromißbesetzungsvektor $\underline{x}$. Die ersten beiden Nebenbedingungen stellen sicher, daß der Mindestzielerreichungsgrad mindestens erreicht wird.

Die Beurteilung der Kompromißlösungen bezüglich ihrer Anwendungsmöglichkeiten zur Lösung von praktischen Problemen kann nach einem Vergleich der erhaltenen Rechenergebnisse durchgeführt werden.

Insgesamt wurden vier Optimierungsprogramme mit den folgenden vier Zielfunktionen, unter Verwendung der PL1-Subroutine OSPD, erstellt:

1.) Maximale Nutzung des Umweltpotentials der Region (01)
2.) Günstigste bzw. ungünstigste Bevölkerungsbelastung durch Immission (02)
3.) Günstigste bzw. ungünstigste Kosten für die Energieerzeugungsanlagen (03)
4.) Beste Kompromißlösung für die Kriterien Bevölkerungsbelastung und Anlagenkosten (04).

Die Übersicht auf Seite 132 zeigt die Verkopplung der einzelnen Programme zum Gesamtprogrammsystem.

Für die Modellrechnungen, die günstigste Kompromißlösungen für die Standortverteilung anstreben, wird, im Vergleich zu den Rechnungen aus Kap. 5.2, von einem eingeschränkten Problem ausgegangen, das nur Kraftwerke und deren Standorte betrachtet. Dementsprechend verkleinert sich das System der Nebenbedingungen. Diese Einschränkung wurde gewählt, um den größeren programm-technischen Aufwand für die vektorwertigen Programmierverfahren mit Hilfe einer anwendungsorientierten Programmiersprache durchführen zu können. Für diese Programmiersprache - PL 1 - liegt die Optimierungssubroutine OSPD aus der IBM-Programmierbibliothek PL1-Math vor. Es können damit jedoch nur kleinere Probleme (Dimension 100 x 100) gelöst werden. Lösungsverfahren ist wiederum die revidierte Simplexmethode. Die Einschränkung spart darüber hinaus die erheblichen Rechenkosten des IBM-Programmsystems MPS/360.

Übersicht über das gesamte Programmsystem
"Errechnung bester Kompromißlösungen für Standortverteilungen"

Programme zur Erstellung des Restriktionensystems

Optimierungsprogramme

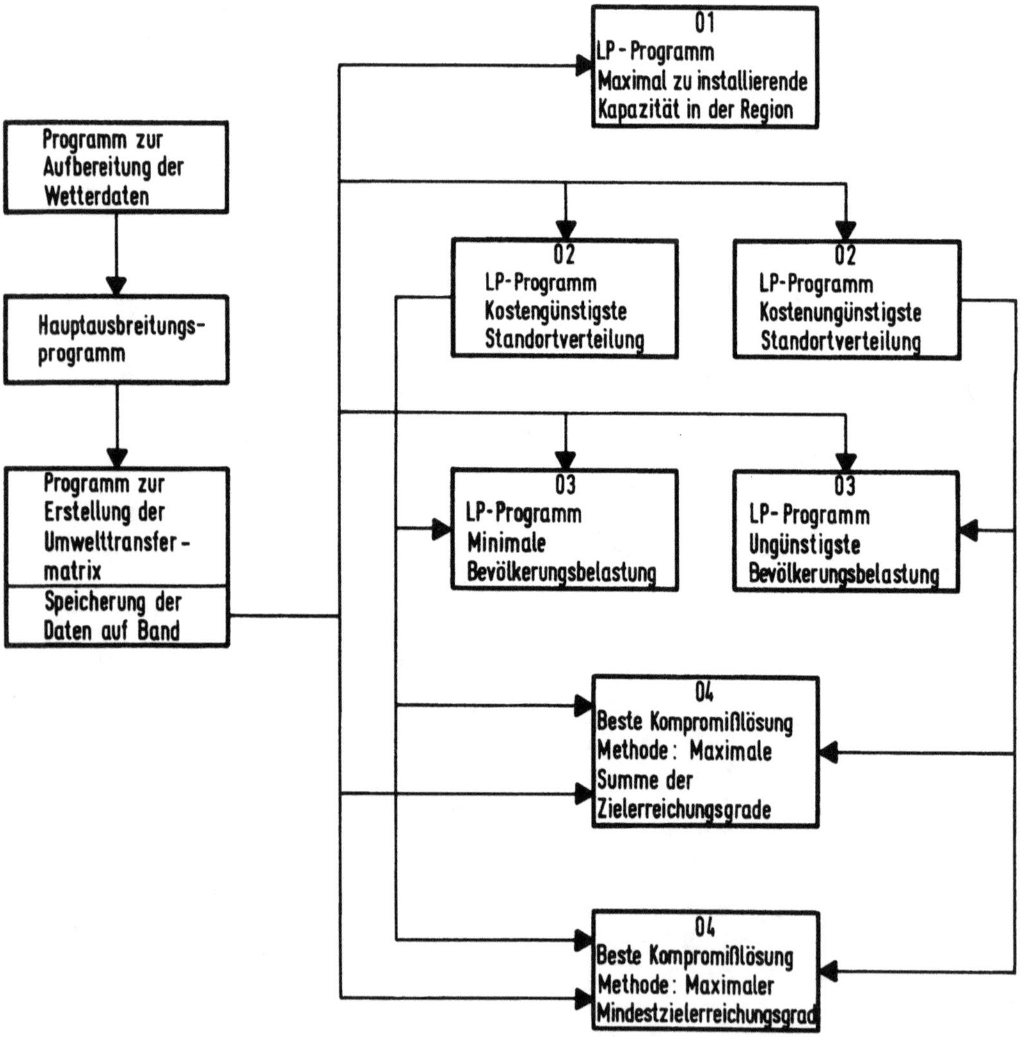

- Programm zur Aufbereitung der Wetterdaten
- Hauptausbreitungsprogramm
- Programm zur Erstellung der Umwelttransfermatrix / Speicherung der Daten auf Band

01 LP-Programm — Maximal zu installierende Kapazität in der Region

02 LP-Programm — Kostengünstigste Standortverteilung

02 LP-Programm — Kostenungünstigste Standortverteilung

03 LP-Programm — Minimale Bevölkerungsbelastung

03 LP-Programm — Ungünstigste Bevölkerungsbelastung

04 Beste Kompromißlösung — Methode: Maximale Summe der Zielerreichungsgrade

04 Beste Kompromißlösung — Methode: Maximaler Mindestzielerreichungsgrad

5.3.2. Modellregion

Bei der gewählten Modellregion handelt es sich wiederum um die Region "Nördlicher Oberrhein", d. h. den Teilbereich des Oberrheintales von Mannheim im Norden bis Kehl im Süden. In dieser Modellregion, die durch 288 Aufpunkte skizziert wird (Abb. 5.1), existieren 108 mögliche Quellpunkte (Abb. 5.25). Es liegt damit ein etwas modifiziertes Problem, im Vergleich zu den Rechnungen aus Kap. 5.2, vor. Das Aufpunktraster hat eine Ausdehnung von 60 km in west-östlicher und 120 km in nord-südlicher Richtung. Das Quellpunktraster, das die vorherbestimmten möglichen Standorte enthält, liegt innerhalb des Aufpunktrasters. Beim Verhältnis der Ausdehnung Quellpunktraster zur Ausdehnung Aufpunktraster muß wiederum berücksichtigt werden, daß die Immissionsmaxima von möglichen Quellen nicht außerhalb des Aufpunktrasters zu liegen kommen. Das gewählte Verhältnis von Ausdehnung Quellpunktraster zu Ausdehnung Aufpunktraster wurde nach verschiedenen Testläufen mit dem Programm 01 festgelegt. Es sollen drei Verdichtungsräume mit Strom und Wärme versorgt werden:

1.) Mannheim - Aufpunkt 32
2.) Karlsruhe - Aufpunkt 151
3.) Kehl/Offenburg - Aufpunkt 265

Die Zuordnung der Verdichtungsräume zu einzelnen Aufpunkten ist eine Vereinfachung, die jedoch für die durchgeführten Rechnungen als hinreichend angesehen werden kann. Teilbereiche des Quellpunktrasters werden jeweils einzelnen Verdichtungsräumen zugeordnet. Es wurde von den folgenden Installationsleistungen für die Stromerzeugung für die Verdichtungsräume ausgegangen:

1.) Mannheim   2.5 GWe
2.) Karlsruhe   1.25 GWe
3.) Kehl/Offenburg 1.25 GWe

Die Rechnungen zu Kompromißlösungen für Standortverteilungen, in denen nur stromerzeugende Anlagen betrachtet werden, gehen von einer notwendigen elektrischen Installationsleistung in der Region 5 GWe aus. Dieser

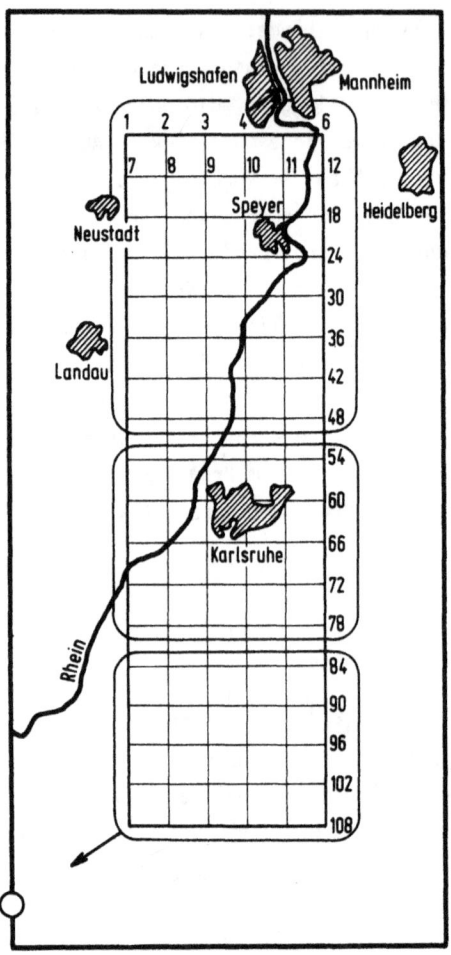

Abb. 5.25 Quellpunktraster über der Region "Nördlicher Oberrhein" und Zuordnung von Teilbereichen des Quellpunktrasters zu Verdichtungsräumen (Energieverbrauchszentren).

Wert wurde zur Demonstration der Methodik frei gewählt und würde bei 7 % jährlichem Verbrauchszuwachs an elektrischer Energie der Installationsleistung in etwa 10 Jahren entsprechen.

An allen Aufpunkten der Region müssen darüberhinaus die Umweltstandards erfüllt werden. Es wurde von Werten der TA-Luft ausgegangen, die eine maximale Langzeitbelastung von 140 µg SO_2/m^3 für Normalgebiete vorschreiben. Bei der konkreten Festlegung der Umweltrestriktionen wurden noch die folgenden Einflüsse berücksichtigt:

1.) Entfernte Quellen erbringen etwa 20 µg SO_2/m^3 /FAUDE u.a. (1974), S. 161/.

2.) Ausbreitungsrechnungen ergaben einen typischen Wintermittelwert der Immission von 80 µg SO_2/m^3 und einen typischen Jahresmittelwert der Immission von 45 µg SO_2/m^3 in der City von Karlsruhe, verursacht durch Emissionen aus Hausbrand und Kleinverbrauch. Für innerhalb der Verdichtungsräume liegende Aufpunkte wurde daher der durch Hausbrand verursachte typische Jahresmittelwert der Immission von den Immissionsrestriktionen subtrahiert.

3.) Die unmittelbar im Norden und Süden an das Aufpunktraster angrenzenden Gebiete sind besonders im Norden bereits stark industrialisiert. Dieser Einfluß wurde durch Abzug von 40 bzw. 20 µg SO_2/m^3 von den Werten für die Immissionsrestriktionen der Randzeilen des Aufpunktrasters berücksichtigt.

5.3.3 Aufbau der Skalierung

Die Zielerreichungen für die Einzelziele werden durch sog. Zielerreichungsgrade auf entsprechenden Skalen bestimmt. Aus den im Rahmen des Systems der Nebenbedingungen gegebenen Handlungsmöglichkeiten lassen sich günstigste und ungünstigste Lösungen für jedes Ziel errechnen. Mit Hilfe dieser Lösungen werden die Skalen festgelegt. Um Zielerreichungen auf diesen Skalen vergleichen zu können, wird darüber hinaus eine Normierung durchgeführt, d.h. die Skalen werden auf das Intervall /0,1/ abgebildet. Dem Skalenwert 1 entspricht jeweils der günstigste und dem Skalenwert Null der ungünstigste Lösungswert. Aus den erhaltenen Zielerreichungsgraden für Kompromißlösungen - Werten zwischen 0 und 1 - können dann unmittelbar die entsprechenden Kosten - oder Belastungswerte errechnet werden.

Wie bereits in Kap. 5.3.1 beschrieben, wird bei den Rechnungen zu Kompromißlösungen von einem eingeschränkten System ausgegangen, das nur Kraftwerke berücksichtigt. Insgesamt sollen 5 GWe in der Region erzeugt werden. Abb. 5.26-5.29 zeigen die günstigsten und ungünstigsten Standortverteilungen, deren Kosten- und Belastungswerte die beiden Skalen festlegen. Wie bereits Abb. 5.19, so zeigt die kostengünstigste Lösung (Abb. 5.26) sehr flußnahe Kraftwerksstandorte. Der kostenungünstigste Fall (Abb.5.27) dagegen ergibt sehr flußferne Standorte. In beiden Fällen werden Ballungen von 100 MWe-Kraftwerkseinheiten erhalten. Abb. 5.28 und 5.29 zeigen Ergebnisse der Rechnungen bei günstigster und ungünstigster Bevölkerungsbelastung durch Immission. Kennzeichnend für die günstigste Belastung ist die Bevorzugung der östlichen Spalte des Quellpunktrasters (Abb. 5.28). Im Falle der ungünstigsten Belastung liegen die Standorte südwestlich der Verdichtungsräume (Abb. 5.29). Diese erhaltenen Standortverteilungen werden bestimmt durch die Hauptvorzugsrichtung des Windes aus Süd-West. In beiden Fällen ergeben sich wiederum Ballungen von 100 MWe-Kraftwerkseinheiten.

Abb. 5.30 und 5.31 zeigen die sich ergebenden Immissionsverteilungen für die Lösungen - kostengünstigster Standorte (Abb. 5.26) - und - günstigste Standorte bezüglich Bevölkerungsbelastung (Abb. 5.18). Abb. 5.31 zeigt im Vergleich zu Abb. 5.30 die deutliche Entlastung besonders des Verdichtungsraumes Mannheim-Ludwigshafen durch die Südverschiebung der Immissionsmaxima. Auch für den Verdichtungsraum Karlsruhe ist diese Verschiebung erkennbar, wenn auch nicht so ausgeprägt.

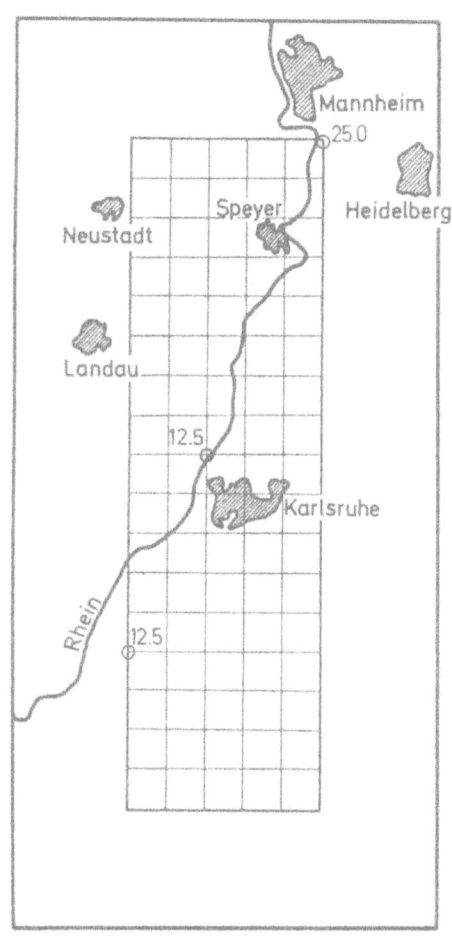 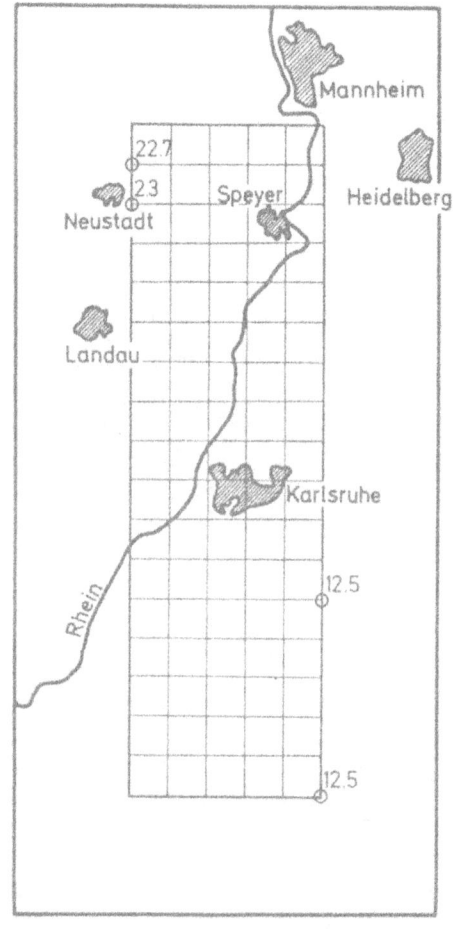

Abb. 5.26 Verteilung der Besetzungszahlen für 100 MWe-Kraftwerkseinheiten in dem Quellpunktraster bei <u>günstigsten</u> standortspezifischen Kosten.
Energieerzeugungskapazität: 5 GWe
Umweltstandards: Normalgebiet (140 µg SO_2/m^3)

Abb. 5.27 Verteilung der Besetzungszahlen für 100 MWe-Kraftwerkseinheiten in dem Quellpunktraster bei <u>ungünstigsten</u> standortspezifischen Kosten.
Energieerzeugungskapazität: 5 GWe
Umweltstandards: Normalgebiet (140 µg SO_2/m^3)

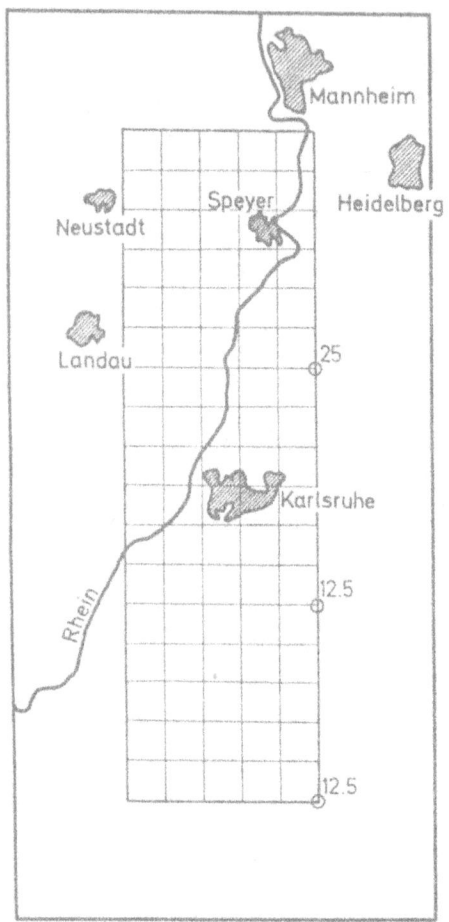 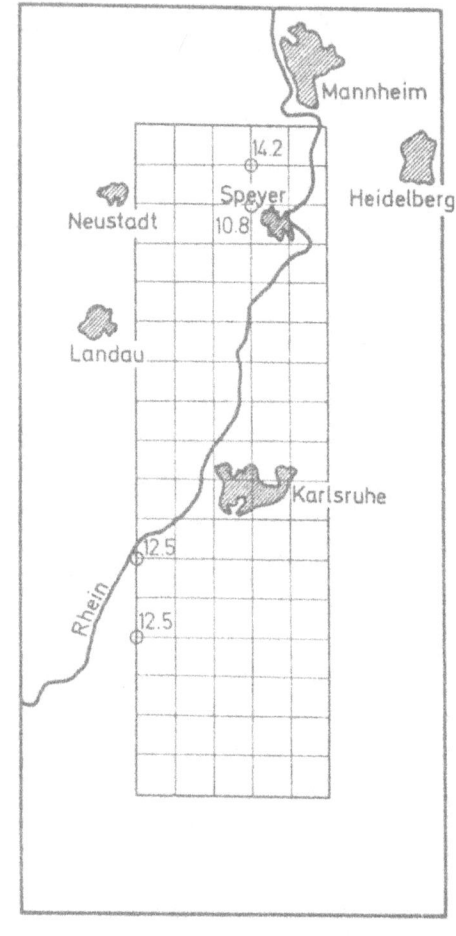

Abb.5.28 Verteilung der Besetzungszahlen für 100 MWe-Kraftwerkseinheiten in dem Quellpunktraster bei <u>günstigster</u> Bevölkerungsbelastung durch Immission. Energieerzeugungskapazität: 5 GWe
Umweltstandards: Normalgebiet (140 µg SO_2/m^3)

Abb.5.29 Verteilung der Besetzungszahlen für 100 MWe-Kraftwerkseinheiten in dem Quellpunktraster bei <u>ungünstigster</u> Bevölkerungsbelastung durch Immission. Energieerzeugungskapazität: 5 GWe
Umweltstandards: Normalgebiet (140 µg SO_2/m^3)

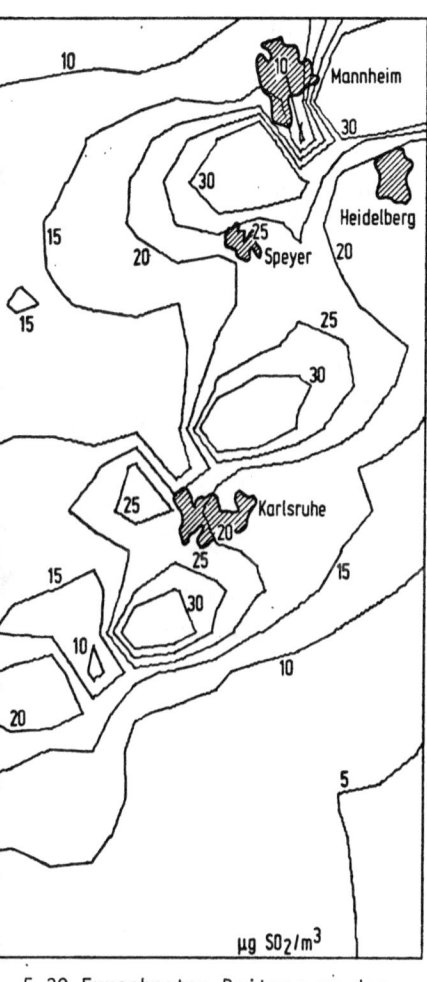

5.30 Errechneter Beitrag zu den Jahresmittelwerten der SO_2-Immission im Nördlichen Oberrhein bei kostengünstigster Standortwahl der energieerzeugenden Anlagen.

Installationskapazität: 5 GWe

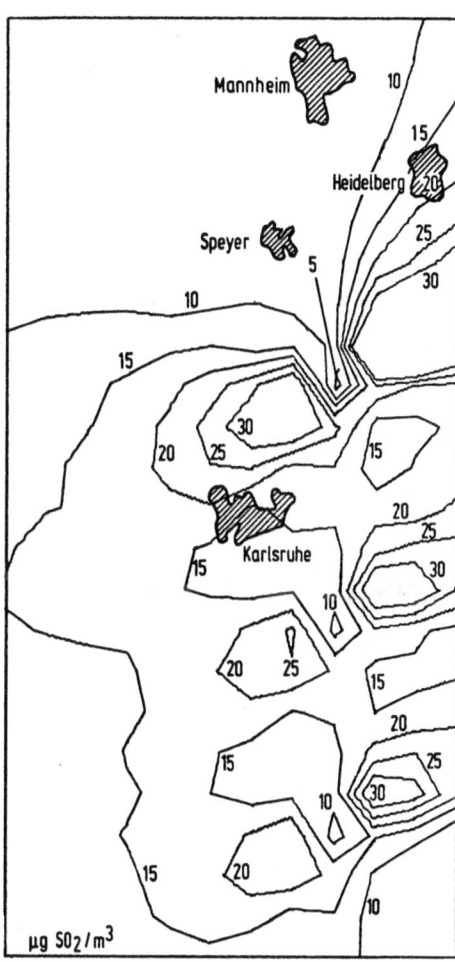

Abb. 5.31 Errechneter Beitrag zu den Jahresmittelwerten der SO_2-Immission im Nördlichen Oberrhein bei günstigster Bevölkerungsbelastung durch Immission von energieezeugenden Anlagen.

Tab. 4 zeigt die Zusammenstellung der für die vier Rechnungen erhaltenen
Kosten- und Belastungswerte.

Tab. 4:

Zielfunktion	günstigste Kosten	ungünstigste Kosten	günstigste Belastung	ungünstigste Belastung
Kostenwerte 10^6 DM	3.83	31.09	26.58	8.37
Belastungswerte $10^6 \frac{\mu g}{m^3}$ Pers	59.08	46.04	38.92	67.52

Da ein linearer Zusammenhang über den Skalen angenommen wird, lassen sich
sog. Wertfunktionen d.h. Abbildungen der Zielerreichungsgrade der möglichen
Besetzungsvektoren auf das Intervall /0,1/ des R^+ unmittelbar darstellen
(Abb. 5.32).

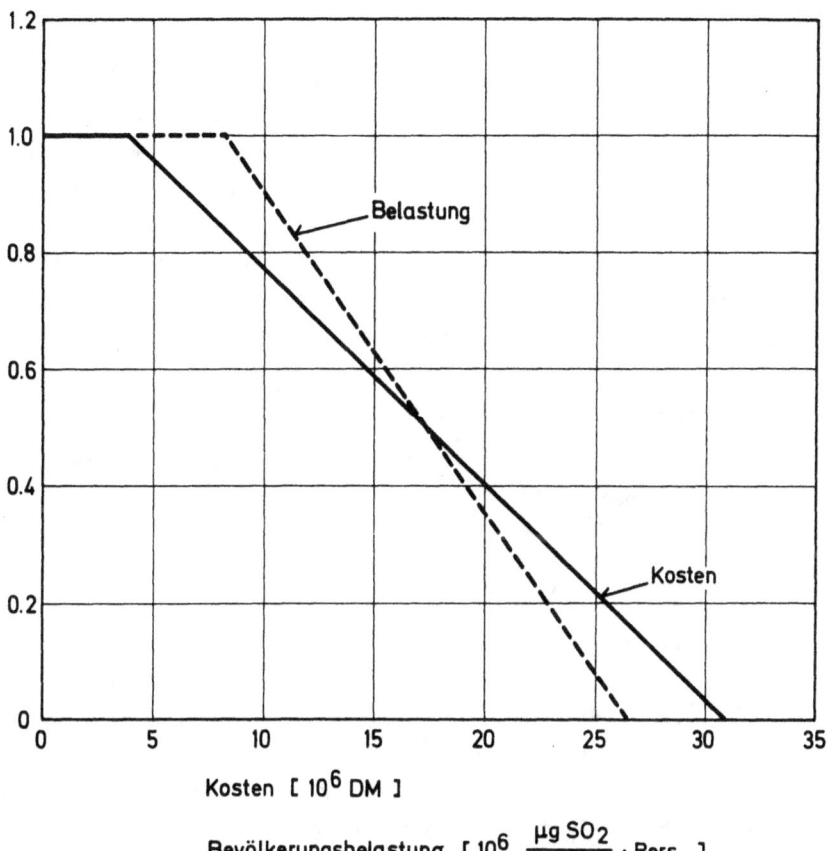

Abb. 5.32　　Wertfunktionen für die Zielvorstellungen

5.3.4 Ergebnisse für Standortverteilungen

Mit Hilfe der Skalierung wird eine Abbildung der Zielvorstellungen auf normierte Skalen, auf denen Zielerreichungsgrade bzw. Wertfunktionen definiert werden können, erhalten. Die Aggregation dieser Wertfunktionen, in der sich die relative Gewichtung der einzelnen Zielvorstellungen ausdrückt, stellt den zweiten Teil der in Kap. 5.3.3 beschriebenen Bewertungsproblematik dar. Es gilt Kompromißlösungen zu suchen, die Gleichrangigkeit der Zielvorstellungen sicherstellen. Es werden zwei Verfahren gewählt, um solche Lösungen zu erhalten:

1.) Maximierung der Summe der Einzelzielerreichungsgrade (SZG)
2.) Maximierung des gemeinsamen Mindestzielerreichungsgrades für beide Zielfunktionen (GMZG).

Abb. 5.33 und 5.34 zeigen Ergebnisse der Kompromißrechnungen. Im Falle - Maximierung der Summe der Einzelzielerreichungsgrade - ergibt sich eine Standortverteilung, die der günstigsten Kostenlösung sehr ähnlich ist (Abb. 5.33). Die Standorte liegen zwar nicht so flußnahe wie im Fall günstigste Kosten, jedoch ist die Tendenz zur Flußnähe auch hier deutlich erkennbar. Im Vergleich zur kostengünstigsten Lösung hat sich nur eine Verschiebung des nördlichen und des südlichen Standortes (im nördlichen und südlichen Teilbereich des Quellpunktrasters) in Richtung Süden ergeben, der Standort im mittleren Teilbereich des Quellpunktrasters ist identisch mit dem der kostengünstigsten Lösung. Für die Zielerreichungsgrade wird entsprechend 89 % auf der Skala für Kostenwerte und 47 % auf der Skala für Werte der Bevölkerungsbelastung erhalten. Diese ungleichen Zielerreichungsgrade sind für eine Kompromißlösung nicht befriedigend.

Im Falle - Maximierung des gemeinsamen Mindestzielerreichungsgrades für die Einzelziele - liegt nur ein Teil der Standorte nahe am Vorfluter (Abb. 5.34). Im nördlichen Teil des Quellpunktrasters sind keine Standorte zu finden, dadurch wird die Bevölkerungsbelastung besonders im Norden gering gehalten. Für die südlichen Standorte ergeben sich sehr kostenungünstige Lösungen (weite Entfernung vom Vorfluter), dies führt jedoch zu geringerer Bevölkerungsbelastung im Mittelbereich des Aufpunktrasters. Insgesamt wird ein gemeinsamer Mindestzielerreichungsgrad von 67 % für beide Zielfunktionen erhalten

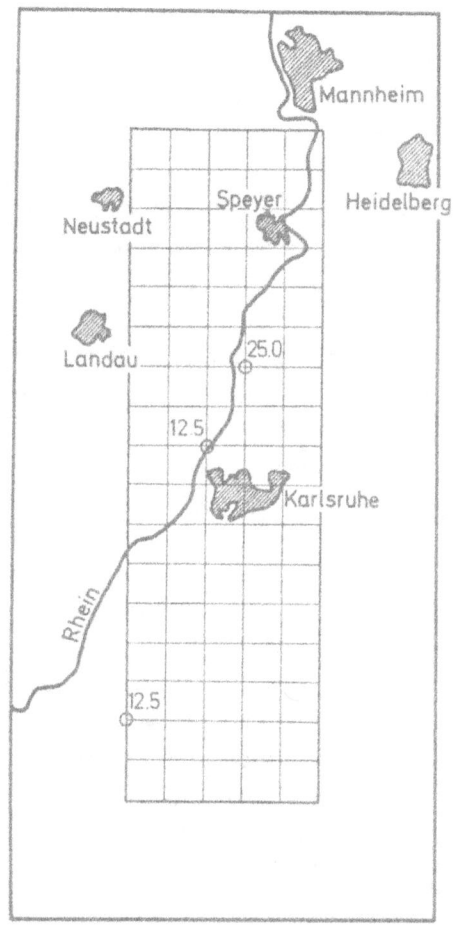 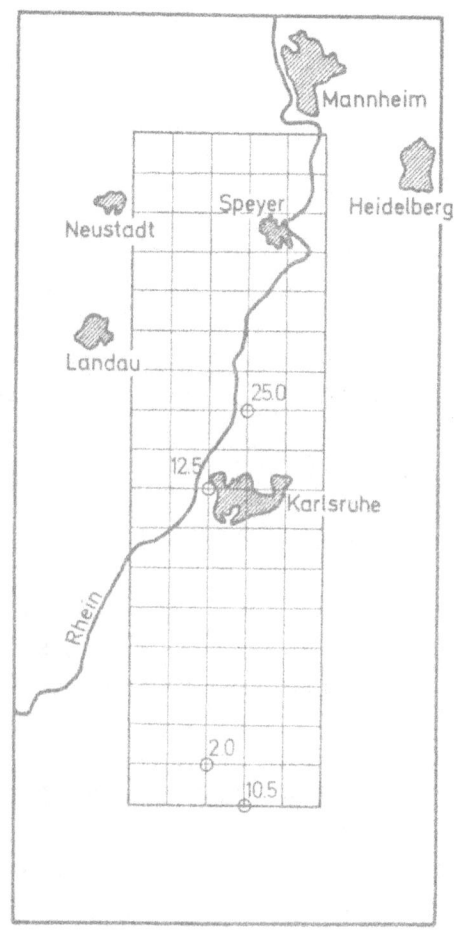

Abb. 5.33 Verteilung der Besetzungszahlen für 100 MWe-Kraftwerkseinheiten in dem Quellpunktraster bei Maximierung der Summe der Zielerreichungsgrade für beide Zielfunktionen (Zielerreichungsgrad günstigste Bevölkerungsbelastung: 47 % Zielerreichungsgrad günstigste Kosten: 89 %) Energieerzeugungskapazität: 5 GWe Umweltstandards: Normalgebiet (140 µg SO_2/m^3)

Abb. 5.34 Verteilung der Besetzungszahlen für 100 MWe-Kraftwerkseinheiten in dem Quellpunktraster bei Maximierung eines Mindestzielerreichungsgrades für beide Zielfunktionen (Mindestzielerreichungsgrad: 67 %) Energieerzeugungskapazität: 5 GWe Umweltstandards: Normalgebiet (140 µg SO_2/m^3)

5.3.5 Vergleich der erhaltenen Ergebnisse

Das Ergebnis von Verfahren 1 - Maximierung der Summe der Einzelzielerreichungsgrade (SZG) - zeigt, daß bei diesem Verfahren eine Verbesserung des Zielerreichungsgrades der Kostenwerte auf Kosten einer Verschlechterung des Zielerreichungsgrades der Belastungswerte erfolgt. Damit bestätigt sich die in Kap. 3 geäußerte Kritik an diesem Ansatz. Das erhaltene Ergebnis kann einmal durch die spezielle Form des Lösungsraums und darüber hinaus durch den unterschiedlichen Verlauf der Zielfunktionen über dem Lösungsraum bestimmt sein. Der Lösungsraum des vorliegenden Problems hat die Dimension 108, eine Aussage über seine spezielle Struktur ist nur schwer möglich. Trotz gleichgewichtiger Berücksichtigung der für die Zielvorstellungen erhaltenen Wertfunktionen stellt daher eine Kompromißlösung nach Verfahren 1 keine Gleichrangigkeit bezüglich der erhaltenen Wertfunktionswerte für die Zielvorstellungen in den möglichen Lösungsräumen sicher. Das erhaltene Kompromißergebnis für das Problem - Standortwahl von großtechnischen Anlagen - ist daher unbefriedigend.

Werden exogene Anspruchsniveaus d.h. Mindestzielerreichungsgrade für einzelne Zielvorstellungen im System der Nebenbedingungen vorgegeben, was zu einem modifizierten Verfahren 1 führt, so kann eine zu starke Bevorzugung einer Zielvorstellung auf Kosten einer anderen verhindert werden. Liegen Daten über solche Anspruchsniveaus vor, so kann ein modifiziertes Verfahren 1 eine akzeptable Kompromißlösung für das zu behandelnde Problem der Standortwahl von großtechnischen Anlagen ergeben. Für das vorliegende Problem ließe sich bei den Kostenwerten ein maximaler Betrag für die Kostenwerte angeben, damit würde der ursprüngliche Lösungsraum weiter eingeschränkt und damit würde auch ein neues unteres Limit für die Wertfunktionen der Kostenwerte gesetzt. Ein Limit für die Bevölkerungsbelastung läßt sich jedoch nicht so einfach angeben, da keine eindeutigen Daten über die Auswirkungen der verschiedenen Kollektivbelastungswerte vorliegen. Die Zielvorstellung - minimale Bevölkerungsbelastung - soll vielmehr dem allgemeinen Planungsgrundsatz "as low as possible" Rechnung tragen. Insgesamt entwerten solche weiteren Einschränkungen des Lösungsraums den Charakter der zu errechnenden Krompomißlösung, da der Kompromiß nicht mehr aus der Gesamtmenge der Möglichkeiten, sondern aus einer eingeschränkten Teilmenge gefunden werden muß. Dieser Versuch muß daher auch als ungünstig angesehen werden.

Der eigentliche Vorteil von Lösungsverfahren 1, die Möglichkeit der Angabe von Gewichtsfaktoren für die übergeordnete Zielfunktion des zum Vektormaximumproblem äquivalenten parametrischen Optimierungsproblems aus den Reziprokwerten der Differenzbeträge von Skalarmaxima zu Skalarminima, wird beim modifizierten Verfahren 1 aufgegeben. Für die erhaltene Standortverteilung nach Verfahren 1 ergeben sich für die Gewichtsfaktoren der Einzelzielfunktionen die folgenden Werte:

    Zielfunktion Kosten: 0.51
    Zielfunktion Bevölkerungsbelastung:0.49

Diese fast gleichgewichtige Addition der beiden Zielfunktionen im parametrischen Optimierungsproblem wird aus der gewählten Dimensionierung der Skalen erhalten. Die Differenz Skalarmaximum minus Skalarminimum ergibt für beide Zielvorstellungen Werte in der gleichen Größenordnung (etwa 30 Mill), für die Zielfunktion "minimale Kosten" in Einheiten von DM und für die Zielfunktion - minimale Bevölkerungsbelastung - in Einheiten von ($\mu g\ SO_2/m^3 \cdot$Personen). Ein Wechsel zu anderen Einheiten, z.B. ($mg\ SO_2/m^3 \cdot$Personen) statt ($\mu g\ SO_2/m^3 \cdot$Personen) oder zu anderen Bezugssystemen z.B. Gesamtkapitalkosten während des Abschreibungszeitraums statt Jahreskosten, ergibt eine starke Verschiebung der Gewichtsfaktoren bei gleichem Ergebnis für die Standortverteilung. Für den Fall gleiche Einheiten für die Zielfunktion "minimale Bevölkerungsbelastung" jedoch Übergang zu den Gesamtkapitalkosten während des Abschreibungszeitraums statt Jahreskosten für die Zielfunktion "minimale Kosten" werden für die Gewichtsfaktoren die folgenden Werte errechnet:

    Zielfunktion Kosten: 0.06
    Zielfunktion Bevölkerungsbelastung:0.94

Dieses Ergebnis zeigt deutlich, daß das Vektormaximumproblem über eine unmittelbare Gewichtung der Zielfunktionen nicht befriedigend lösbar ist.

Liegen keine Daten für exogene Anspruchsniveaus d.h. Mindestzielerreichungsgrade für einzelne Zielvorstellungen vor, so erscheint es naheliegend, eine gleichrangige Erfüllung beider Zielvorstellungen entsprechend der gewählten Skalierung sicherzustellen. Diese Forderung wird durch Verfahren 2 - Maximierung eines gemeinsamen Mindestzielerreichungsgrades für beide Ziele (GMZG) - bestmöglich erfüllt. Verfahren 2 entspricht einem spieltheoretischen Ansatz wobei der gemeinsame Mindestzielerreichungsgrad identisch mit dem zu maximierenden Spielwert ist. Da die Strategienwahl d.h. die Standortwahl in Unkenntnis der Strategienwahl d.h. der Zielvorstellungen des Gegenspielers erfolgt, ist eine Gleichrangigkeit der Zielvorstellungen sichergestellt. Als Ergebnis wurde für den Mindestzielerreichungsgrad ein Wert von 67 % erhalten, die entsprechende Standortverteilung zeigt keine einseitigen Präferenzen.

Abschließend kann daher gesagt werden, daß für das praktische Problem der Standortwahl großtechnischer Anlagen bei Unkenntnis externer Präferenzen bzw. externer Anspruchsniveaus für einzelne Zielvorstellungen, das Verfahren 2 - Maximierung eines gemeinsamen Mindestzielerreichungsgrades für beide Ziele (GMZG) - zu geeigneten Kompromißlösungen führt. Gleichgewichtige Addition der Einzelzielerreichungsgrade für die Zielfunktionen (Verfahren 1) stellt kein gleichrangiges Ergebnis für die Zielerreichungsgrade sicher.

In Abb. 5.35 sind die erhaltenen Zielfunktionswerte aller Skalierungs- und aller vektorwertigen Optimierungsrechnungen für beide Zielvorstellungen im Bildraum der beiden Zielvorstellungen dargestellt. Zwischen den Punkten (1) - beste Kostenlösung und Bevölkerungsbelastung - wird der sog. effiziente Rand der möglichen Zielfunktionswerte verlaufen; alle Werte dieses Randes zeichnen sich durch Pareto-Optimalität aus. Bei den meisten praktischen Problemen wird der Gesamtverlauf dieses Randes unbekannt bleiben, es werden nur einige Punkte erhalten werden können. Diese Ergebnisse werden trotz Pareto-Optimalität nicht immer befriedigend sein. Es ist daher notwendig, entweder durch geeignete Lösungsverfahren oder durch weitere Restriktionen entsprechend externen Präferenzen, die möglichen Lösungen so festzulegen, daß Mindestanspruchniveaus erfüllt werden. Die alleinige Sicherstellung, daß funktional effiziente Lösungen erhalten werden, ist für das behandelte Problem nicht hinreichend; diese Einschränkung wird für die Mehrzahl praktischer Probleme gelten.

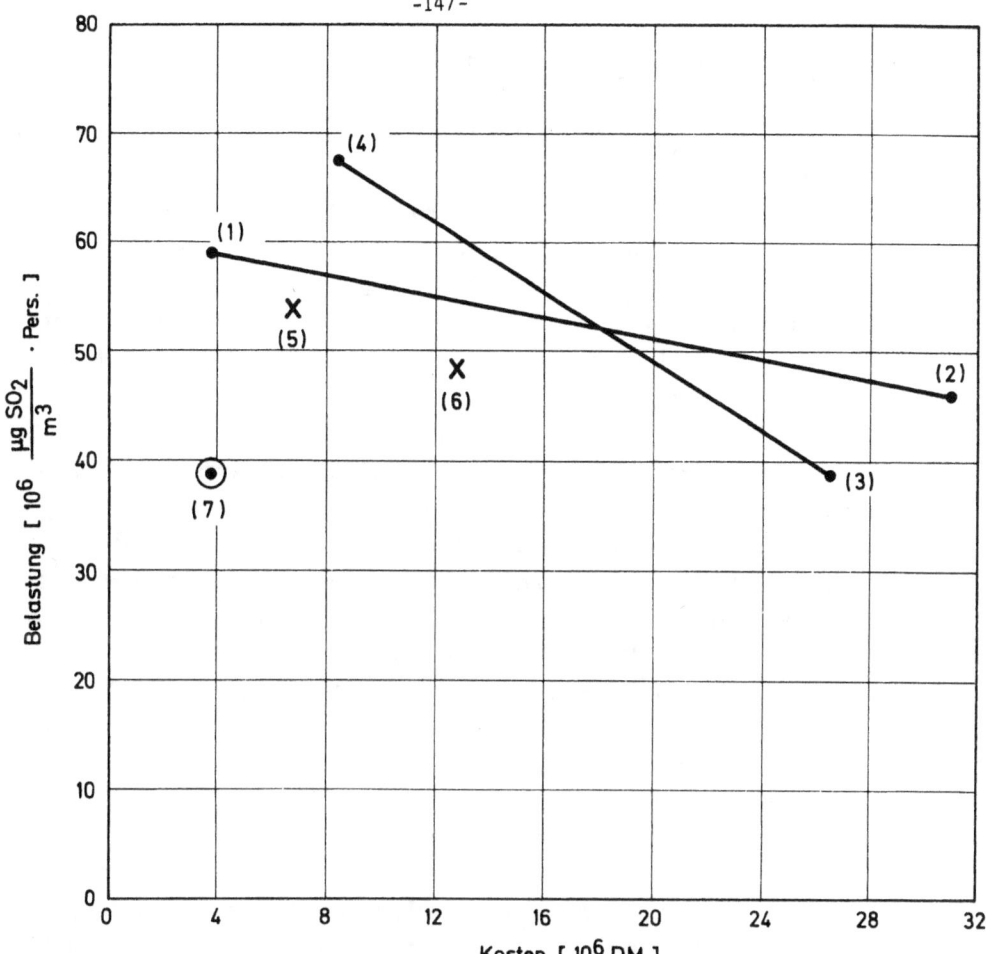

(1) beste Kostenlösung

(2) schlechteste Kostenlösung

(3) beste Lösung bzgl. Bevölkerungsbelastung

(4) schlechteste Lösung bzgl. Bevölkerungsbelastung

(5) Kompromißlösung -
Max. Summe der Einzelzielerreichungsgrade

(6) Kompromißlösung -
Bester Mindestzielerreichungsgrad

(7) Ideallösung

Abb. 5.35   Zielfunktionswerte

5.3.6 Maximales Umweltpotential der Region

Die Rechnungen zum maximalen Umweltpotential einer Region, die darstellen welches Gesamtinstallationspotential an Energie erzeugenden Anlagen bei Einhaltung der Umweltgütestandards möglich ist, haben rein demonstrativen Charakter. Sie sollen aufzeigen, welch eingeschränkte Bedeutung Umweltplanungsmodelle besitzen, die sich nur an geltenden Umweltgütestandards orientieren, die das System der Nebenbedingungen bestimmen und die nicht gleichzeitig Umweltzielvorstellungen in Form von Zielfunktionen des Modells berücksichtigen.

Es wurden zwei Rechnungen, einmal für Umweltgütestandards entsprechend Normalgebiet (140 µg SO_2/m^3) und einmal für Umweltgütestandards entsprechend Reinluftgebiet (60 µg SO_2/m^3) durchgeführt. Abb. 5.36 zeigt die Besetzungsverteilung in dem Quellpunktraster für Umweltgütestandards entsprechend Normalgebiet. Es ergeben sich insgesamt 23.2 GWe Installationspotential, beinahe die Hälfte des gesamten augenblicklichen Installationspotentials der BRD. Es wird bevorzugt der südöstliche Teil des Quellpunktrasters besetzt. Umweltgütestandards entsprechend Reinluftgebiet gestatten ein Installationspotential von 12.8 GWe (Abb. 5.37). Neben dem südöstlichen Teil werden in diesem Fall zusätzlich der nordwestliche Teil des Quellpunktrasters für die Standortwahl bevorzugt.

Die Ergebnisse zeigen, daß unterschiedliche Festlegung von Umweltgütestandards zu stark unterschiedlichen Standortverteilungen im Quellpunktraster führen kann. Die Ergebnisse zeigen aber auch, daß für die Standortplanung außerhalb ausgesprochener Ballungszentren die alleinige Orientierung an Umweltgütestandards keine hinreichende Berücksichtigung von Umweltzielvorstellungen darstellt, da die Umweltgütestandards außerhalb der Ballungsräume erst bei hoher Anlagendichte restriktiv wirken. Dies gilt besonders auch im Hinblick auf die in Kap. 2 ausgeführte relative Bedeutung der Umweltgütestandards.

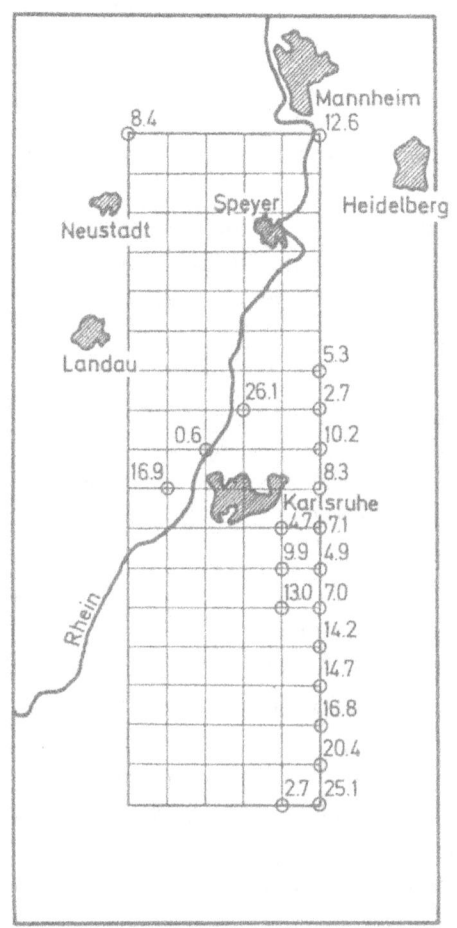
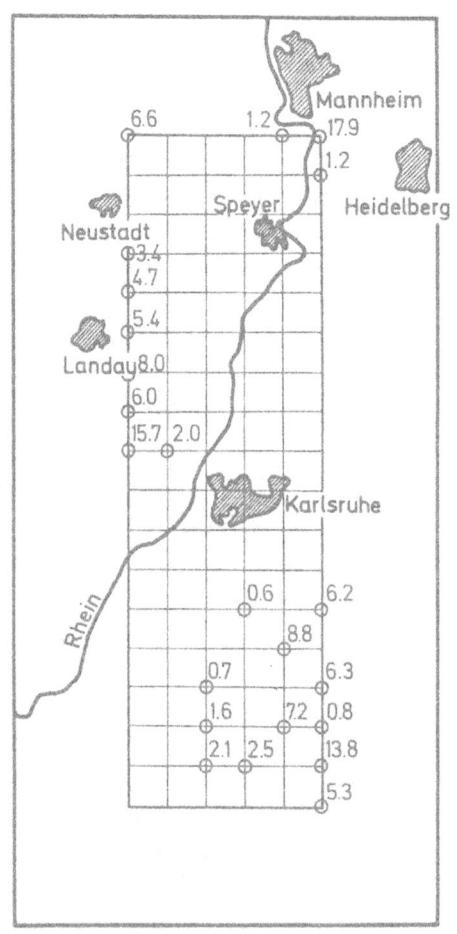

Abb. 5.36 Verteilung der Besetzungszahlen für 100 MWe-Kraftwerkseinheiten in dem Quellpunktraster bei maximaler Ausnutzung der Umweltkapazität der Region
Maximales Installationspotential: 23.2. GWe
Umweltstandards: Normalgebiet (140 µg SO_2/m^3)

Abb. 5.37 Verteilung der Besetzungszahlen für 100 MWe-Kraftwerkseinheiten in dem Quellpunktraster bei maximaler Ausnutzung der Umweltkapazität der Region
Maximales Installationspotential: 12.8 GWe
Umweltstandards: Reinluftgebiet (60 µg SO_2/m^3)

o **Kraftwerke**

6. Möglichkeiten und Grenzen quantitativer Modellrechnungen bei regionalen Planungsproblemen

In Kapitel 5 wurden Ergebnisse von Ausbreitungs- und Optimierungsmodellen für regionale Planungsprobleme dargestellt. Im folgenden soll die Leistungsfähigkeit solcher quantitativen Modelle, unter Bezug auf Kapitel 2, noch einmal erörtert werden. Dabei werden zunächst Grenzen und Möglichkeiten der gewählten Modelltypen untersucht. Aus der Auswertung der angewandten Methodik ergeben sich darüber hinaus verallgemeinerungsfähige Aussagen zur Leistungsfähigkeit von quantitativen Modellen.

6.1 Zur Leistungsfähigkeit des gewählten Ansatzes

Konkrete Standortentscheidungen können nicht Ergebnis von Modellrechnungen sein - dies wurde im 2. Kapitel ausgeführt -, sondern nur Ergebnis eines politischen Prozesses. Selbst für Standortempfehlungen müßten die verwandten Daten erheblich spezieller sein. Die Ergebnisse ermöglichen jedoch die Beurteilung von getroffenen oder geplanten Maßnahmen. Es muß betont werden, daß die Region "Nördlicher Oberrhein" keine idealen Voraussetzungen für Optimierungsrechnungen bietet. Alle größeren Energieverbrauchszentren liegen am Rhein, damit sind die kostengünstigsten Standorte sowohl für Kraftwerke als auch für Heizkraftwerke bereits weitgehend lokalisiert. Interessanter wäre eine Region, in der die Hauptverbrauchszentren nicht unmittelbar am nächsten Vorfluter liegen. Es lassen sich aber aus den Rechenergebnissen typische Aussagen zu folgenden Fragenkomplexen herleiten:

1.) zu Datenproblemen
   a) Inkonsistenz der Kostendaten für Fernwärmetransport
   b) mangelnde Datenbasis für die Bearbeitung raumordnungspolitischer Fragestellungen durch Kompetenzenvielfalt auf dem Umweltsektor

2.) zum Stand der entwickelten Methodik
   a) bezüglich den Ausbreitungsrechnungen
   b) bezüglich den Optimierungsrechnungen für kostenoptimale Lösungen
   c) bezüglich den Optimierungsrechnungen für Kompromißlösungen

d) bezüglich der Notwendigkeit Umweltzielvorstellungen als Zielfunktionen für Standortplanungen zu formulieren

3.) zu allgemeinen Planungshinweisen
   a) gegenseitige Beeinflussung benachbarter Verdichtungsräume
   b) Hinweis auf effiziente Maßnahmen der Immissionsverminderung
   c) Hinweis auf künftig auszuweisende Standregionen und Betriebsweisen von energieerzeugenden Anlagen
   d) Hinweis auf raumplanerische Aufteilung der Gesamtregion bezüglich verschiedener Nutzungsarten und damit unterschiedliche Umweltstandardfestlegung für Teilregionen
   e) Hinweis auf die eventuell sinnvolle Subventionshöhe zu den Kosten der Brennstoffentschwefelung bzw. die Abgabenhöhe für Emissionen, damit tatsächlich ein verbesserter Umweltzustand in der Region erreicht wird
   f) Bedeutung von vektorwertigen Optimierungsrechnungen für Standortplanungen
   g) Forderung nach intensiver Technologieentwicklung zu Kühlverfahren, damit auch flußferne, aber ökologisch günstige Standorte Realisierungschancen erhalten.

zu 1 a) Die für die Rechnungen verwandten Daten ergaben besonders für die gefundenen Kostenwerte des Fernwärmetransportsystems eine unbefriedigende Inkonsistenz. Die von einem Energieversorgungsunternehmen (EVU) angegebenen und die in der Studie /"Sekundärenergie" KFA Jülich (1975), S.388/ gefundenen Kosten entsprechen rein betriebswirtschaftlichen Überlegungen. Da es sich bei einem Fernwärmeversorgungssystem um eine langfristige Infrastruktureinrichtung handelt, sollten bei den Kostenberechnungen zumindest sehr lange Abschreibungszeiten berücksichtigt werden. Die vom EVU angenommenen 17 Jahre bzw. der die Annuitätsangabe der Programmstudie bestimmende noch kürzere Zeitraum scheinen steuerlichen Überlegungen zu entsprechen. Es bleibt aber fraglich, ob bei solchen langfristigen Infrastruktureinrichtungen nur streng betriebswirtschaftliche Kostenbetrachtungen angewandt werden sollten. Andere Infrastruktureinrichtungen, wie Autobahnen und Leitungswassernetze, werden ebenfalls nicht betriebswirtschaftlichen Kostenrechnungen entsprechend erstellt, sondern sind Ergebnis gesamtvolkswirtschaftlicher Betrachtungen. Bei einer solchen Betrachtungsweise würden eventuell Arbeitsplatzbeschaffung und Deviseneinsparung durch Einsparung von importierten Heizöl gewichtige Argumente für die Fernwärmenutzung darstellen.

zu 1 b) Schwierigkeiten ergaben sich auch bei weiteren Datenerhebungen so z.B. bei den Emissionsdaten von großtechnischen Anlagen. Diese Emissionsdaten sind notwendige Voraussetzung für die Durchführung von Zustands- und Auswirkungsanalysen. Einzelunternehmen sind meist nicht bereit diese Daten für wissenschaftliche Analysen zur Verfügung zu stellen und öffentliche Institutionen haben bisher noch keine oder nur sehr unzureichende Kataster erstellt. Die Region "Nördlicher Oberrhein" umfaßt Teile der Bundesländer Rheinland-Pfalz und Baden-Württemberg sowie einen Teil des Elsaß. In dieser Region bestehen nur unverbindliche Koordinierungsabsprachen. Analysen die die gesamte Region erfassen wollen, sind wegen der nicht vorhandenen Planungs- oder Koordinierungskompetenz sehr erschwert.

Umweltgerechte Standortplanung großtechnischer Anlagen ist sicher kein einzelnes Ressortproblem, sondern ein sog. Querschnittsproblem, das die Zusammenarbeit mehrerer Fachverwaltungen, wissenschaftlicher Beratungsinstanzen, der Industrie und Vertretungen der betroffenen Bürger notwendig macht. Es müssen jedoch Institutionen geschaffen werden, die diese Koordination leisten und die planungsrelevante Daten zusammenstellen. Erst wenn diese Voraussetzung erfüllt ist, wird es auch möglich sein, mit Hilfe von Planungsmodellen echte Entscheidungshilfen für die Standortplanung von Industrieanlagen zu geben.

zu 2 a) Die Ergebnisse der Ausbreitungsrechnungen zeigen, daß diese Rechenmodelle ein hinreichend entwickeltes Planungsinstrumentarium für Zustands- und Auswirkungsanalysen von Umweltbeeinflussungen darstellen. Besondere Beachtung muß allerdings der Parameteranpassung dieser Modelle an die spezifischen orographischen und meteorologischen Bedingungen einer Region geschenkt werden. Hinzuweisen ist hierbei auf die Ergebnisse der Sensitivitätsanalysen für die Parameter des Ausbreitungsmodells, die ergaben, daß die meist als sehr einflußreich gehaltenen Ausbreitungsparameter keineswegs die empfindlichsten Größen sind, sondern daß die in dem Modell berücksichtigten Ausbreitungsobergrenzen (atmosphärische Sperrschichten), sowie die Überhöhung, d.h. der durch thermischen Auftrieb verursachte Emissionshöhenzuwachs der Rauchgase, die maßgeblichsten Größen darstellen.

zu 2 b) Umweltplanungsmodelle, die kostenoptimale Lösungen für Standorte und Betriebsweisen von energieerzeugenden Anlagen zu errechnen gestatten, können ebenfalls als hinreichend entwickeltes Planungsinstrumentarium betrachtet werden, da es sich bei ihnen im wesentlichen um die Kopplung zweier bereits entwickelter Verfahren - der Optimierungsrechnung und der Ausbreitungsrechnung - handelt. Problematisch ist dabei nur, daß die einseitige Berücksichtigung von ökonomischen Zielvorstellungen als nicht hinreichend für umweltpolitische Planungsentscheidungen angesehen werden kann.

Methodisch von besonderem Interesse ist die Lösung des dualen Problems, das in Form der sog. Schattenpreise u.a. Bewertungen für den Immissionszustand an den Aufpunkten in Einheiten der primalen Zielfunktion angibt.

zu 2 c) Umweltplanungsmodelle, die angewandt wurden um Kompromißlösungen für Standorte zu erhalten, sind noch unbefriedigend, da sie nur einzelne Punkte des sog. effizienten Randes, der die Menge der Pareto-optimalen Lösungen kennzeichnet, ergeben. Bei Nichtvorliegen exogener Präferenzen sind die Ergebnisse für praktische Probleme daher nicht hinreichend, da die Effizienz der Lösung kein ausreichendes Anwendungskriterium darstellt. Es gilt daher, entweder die Menge der effizienten Lösungen entsprechend exogener Restriktionen einzuschränken, oder geeignete Verfahren für Kompromißlösungen zu erstellen, die exogenen Anforderungen, z.B. bezüglich Gleichrangigkeit der Zielerreichungsgrade, genügen.

zu 2 d) Alleinige Berücksichtigung von Umweltforderungen im System der Nebenbedingungen von Planungsmodellen ergibt zumindest außerhalb von Ballungsgebieten noch keine umweltorientierte Planung, da die Nebenbedingungen erst bei sehr großer Anlagendichte restriktiv wirken. Für Standortplanungen ist es daher notwendig, Umweltzielvorstellungen als Zielfunktionen von Planungsmodellen zu berücksichtigen.

zu 3.) Aus den Rechenergebnissen können die folgenden Planungshinweise gewonnen werden:

zu 3 a) Es besteht eine gegenseitige Beeinflussung benachbarter Verdichtungsräume innerhalb der Region bezüglich Belastung durch Immission. Standortplanungen sollten daher immer von Betrachtungen der Immission in der Gesamtregion ausgehen. Diesem selbstverständlichen, bisher aber meist nicht praktiziertem Planungsgrundsatz stehen schwer koordinierbare unterschiedliche Länder- bzw. Staatskompetenzen gegenüber. Die Region "Nördlicher Oberrhein" ist hierfür ein bezeichnendes Beispiel.

zu 3 b) Trotz relativ geringer Emission ist der Sektor "Hausbrand und Kleinverbrauch" die Hauptursache für die hohe Immissionsbelastung innerhalb der Verdichtungsräume. So führen im Karlsruher Raum 5% der Emissionen (= Emissionsanteil des Sektors "Hausbrand und Kleinverbrauch") zu über 50% der Immissionen. Dieser unbefriedigende Zustand kann durch die verstärkte Versorgung der Haushalte mit Fernwärme aus Heizkraftwerken wesentlich verbessert werden. Der Einsatz von Fernwärme stellt darüber hinaus einen weiteren ökologischen Vorteil dar, da die anfallende Kraftwerksabwärme nicht ungenutzt die Vorfluter oder die Atmosphäre belastet. Dieses Ergebnis zeigt, daß sinnvoll angewandte Ausbreitungsrechnungen geeignete Hinweise für Strategien zur Verbesserung des Umweltzustandes geben können. Differenzierte Optimierungsmodelle, die z.B. die "beste Umweltstrategie" für den Karlsruher Raum errechnen, werden in ihrer praktischen Aussage keine wesentlich praktikableren Ergebnisse erbringen.

zu 3 c) Eine wesentliche Anwendungsmöglichkeit für Umweltplanungsmodelle, die kostenoptimale Lösungen bezüglich Standortwahl und Betriebsweisen von energieerzeugenden Anlagen ergeben, besteht in der Interpretation der Ergebnisse der Postoptimierung d.h. der Untersuchung der Ergebnisse bei Parametervariationen. Diese Ergebnisse zeigen Tendenzen für Standregionen und Betriebsweisen in Abhängigkeit von unterschiedlichen Umweltstandardfestsetzungen oder unterschiedlichen Kostensituationen. So ergibt die Postoptimierung bei verschärften Umweltstandards, daß diese verschärften Standards kostengünstiger durch Standortwechsel der Anlagen als durch veränderte Betriebsweisen (z.B. schwefelärmere Brennstoffe) eingehalten werden können; erst extreme Umweltstandards entsprechend Reinluftgebieten führen neben kostenungünstigen Standorten auch zu kostenungünstigeren Betriebsweisen. Die Ergebnisse zeigen weiterhin, daß Umweltstandards entsprechend Normalgebiet bei Versorgung der Verbrauchszentren mit Fernwärme selbst bei verbrauchernahen Standorten und Betrieb mit nichtentschwefelten

Brennstoffen erreicht und sogar unterschritten werden können. Bedingungen
entsprechend Reinluftgebieten sind andererseits nur durch erhebliche
Kostenaufwendungen zu erreichen. Oberhalb der Umwelt-Standards für
Reinluftgebiete existiert jedoch ein Bereich, der durch geringe Kostenmehrbelastung erreicht werden kann.

zu 3 d) Wie schon unter 3 c) skizziert, stellt die durch die Ergebnisse
der Postoptimierung bei verschärften Umweltstandards aufgezeigte Ausweisung
möglicher Standregionen für energieerzeugende Anlagen bei unterschiedlicher
Umweltstandardfestsetzung ein wichtiges Hilfsmittel für die raumplanerische
Aufteilung der Gesamtregion bezüglich verschiedener Nutzungsarten, wie z.B.
als Industriegebiet, als Erholungsgebiet oder als Siedlungsraum dar.
Besonders interessante Hilfsmittel sind dabei auch die sich aus dem
Dualproblem ergebenden Schattenpreise, die die Grenzkosten für die
Immissionsbelastung an den einzelnen Aufpunkten ausdrücken. Gebiete mit
besonders hohen Grenzkosten sollten sinnvollerweise nicht als zukünftige
Erholungs- oder Siedlungsgebiete ausgewiesen werden.

zu 3 e) Die Ergebnisse der Postoptimierung bei Variation der Brennstoffentschwefelungskosten geben Hinweise für einen eventuellen, politisch sinnvollen Subventionsbetrag zu den Brennstoffentschwefelungskosten bzw. zur
Abgabenhöhe für Schadstoffemissionen, damit auch tatsächlich ein verbesserter Umweltzustand in der Region erreicht wird.

zu 3 f) Die Ergebnisse der skalarwertigen Optimierungsrechnungen zeigen,
insbesondere für den Fall Umweltstandards entsprechend Normalgebiet, starke
einseitige Zielorientiertheit. Für die Standortwahl großtechnischer Anlagen
in dichtbesiedelten Regionen wird die Berücksichtigung einseitiger
Zielvorstellungen in Zukunft von immer geringerer Bedeutung sein. Die
Ergebnisse sind damit nur sehr bedingt als Entscheidungshilfe für eine am
Allgemeinwohl orientierte Planung geeignet. Die vektorwertige Optimierung
berücksichtigt mehrere Zielvorstellungen über einem gegebenen Lösungsraum.
Es werden damit keine optimalen Lösungen erhalten, sondern eine Menge sog.
effizienter Lösungen, je nach Wahl des Optimalitätskriteriums der vektorwertigen Optimierung und nach Wahl der Skalierung für die einzelnen
Zielvorstellungen. Dieser erweiterte Ansatz ergibt damit die Möglichkeit

der Beurteilung bzw. Bewertung einer Standortwahl auf Grund der angenommenen Optimalitätskriterien und der Skalierung. Es wird also nicht nur jeweils eine Kompromißlösung erhalten, sondern auch gleichzeitig das Bewertungssystem aufgezeigt, im Rahmen dessen die Lösung erhalten wurde. Diese Tatsache ist von besonderem Vorteil für die Entscheidungshilfe beim politischen Prozess der Standortwahl.

zu 3 g) Die Rechnung - Minimierung der Kollektivbelastung - ergibt sehr kostenungünstige, da sehr flußferne Standorte. Es kann daher die Forderung nach intensiver Entwicklung der Trockenkühlturmtechnologie erhoben werden, damit diese Standorte auch bezüglich der Kosten bessere Realisierungschancen erhalten.

6.2 Zur Leistungsfähigkeit von Planungsmodellen allgemein

Um die häufig anzutreffende zu optimistische Einschätzung der Leistungsfähigkeit von Planungsmodellen, hier insbesondere von Optimierungsmodellen zu vermeiden, wird diese Leistungsfähigkeit kurz skizziert.

Die Bezeichnung "optimal" bezieht sich bei diesen Modellen auf die mathematische Optimalität des Systems und kennzeichnet nicht die Lösung eines praktischen Problems. Diese starke Einschränkung gibt den Ergebnissen solcher Modellrechnungen jedoch nicht nur rein theoretische Bedeutung. Werden die vielen Werturteile und subjektiven Einschätzungen, die in solche Modelle eingehen, eindeutig ausgewiesen, so können die Ergebnisse der Rechnungen als rationale Grundlage für eine öffentliche Diskussion der zugrundeliegenden normativen Urteile angesehen werden. Dies erscheint bei Konfliktlösungen in pluralistisch strukturierten Gesellschaften von besonderer Bedeutung. Solche Gesellschaften zeichnen sich durch ein System von planenden Verwaltungen, von privatwirtschaftlich organisierten Unternehmen, von staatlichen Planungskompetenzen und immer komplizierter werdenden Willensbildungsprozessen in der Öffentlichkeit aus. Planung erscheint immer nötiger - aber auch immer undurchschaubarer. Diese Situation verlangt eine erhöhte Rezeptionsfähigkeit der planenden Verwaltungen gegenüber Bewertungskriterien für Planungen, die im Wissenschaftssystem und in der betroffenen Öffentlichkeit artikuliert werden. Das Planungskalkül wird damit notwendigerweise komplexer. Gleichzeitig verlangt die freiheitliche Ordnung demokratische Legitimation politischer und ökonomischer Entscheidungen. In diesem Konflikt liegt eine Chance für den Einsatz von systemanalytischen Planungsmodellen. Soweit sich diese Modelle auf "Technik-Umwelt-Systeme" beschränken, können sie das Erkennen von Strukturzusammenhängen leisten. Damit ergibt sich auch die Möglichkeit, die Konsequenzen verschiedener Handlungsoptionen aufzuzeigen. Die Forderung nach dem komplexeren Planungskalkül ist somit erfüllt und gleichzeitig wird die Möglichkeit eröffnet, viele Bürger an der Planung zu beteiligen. Durch Aufzeigen der Folgen und Nebenwirkungen von Planungen und durch die mögliche Ausarbeitung und Darstellung alternativer Lösungsvorschläge (Alternativplanung) leisten Planungsmodelle eine Reduktion von Komplexität bei gleichzeitiger Erhaltung der notwendigen Strukturkomplexität. Auf diese Weise ist die Forderung, "durch Aufstellung und Einhaltung von Normen über die

Repräsentation der Betroffenen sicherzustellen, daß alle Betroffenen
in möglichst gleichmäßiger Weise an dem Planungsprozeß beteiligt werden"
/FUNCK (1976), S.27/, zumindest teilweise zu realisieren.

Werden Planungsmodelle in dem skizzierten Sinne als Entscheidungshilfen
für die Regionalpolitik eingesetzt, so wird die klassische Trennung zwischen
Wissenschaft und Politik aufgehoben, die zwischen wissenschaftlichen, analytischen Urteilen auf der einen Seite und normativen, politischen Urteilen
auf der anderen Seite streng unterscheidet. Als Verfahren einer arbeitsteiligen
Zusammenarbeit zwischen wissenschaftlichen Experten und politischen Entscheidungsträgern bei der Vorbereitung politischer Entscheidungen wurde daher ein
sog. kooperatives oder kommunikatives Modell vorgeschlagen /FUNCK (1975),
S.24ff./. In ihm wirken Entscheidungsgremium, Expertengruppe, Administration
und planungsbetroffene Öffentlichkeit zusammen.

Wie mehrfach in der Literatur vorgeschlagen, sollte die Anwendung von Planungsmodellen Teil einer sog. problemorientierten Systemanalyse sein. Diese Systemanalysen wiederum sollten in die Prozeßschritte

- Situationsklärung zur Problemerkennung (1. Schritt)
- Systemanalyse möglicher Handlungsoptionen (2. Schritt)
- Bewertung der Handlungsoptionen (3. Schritt)

eingebunden sein /FUNCK (1975), S.24ff.; JANSEN (1973), S.219ff./.

Zwischen Schritt 1 und Schritt 3, die beide politische Prozesse darstellen,
ist die Systemanalyse als konfliktminderndes Bindeglied eingeschaltet. Die
politische Entscheidung berücksichtigt damit bereits zu einem sehr frühen
Zeitpunkt die Interessen von Betroffenen und beruht darüber hinaus auf
einer hinreichenden Klärung von Systemnotwendigkeiten und möglichen Alternativen. Der Bewertungskonflikt kann so sachlicher ausgetragen werden.

Der systemanalytische Arbeitsschritt (Schritt 2) sollte sich idealerweise
an der klassischen Arbeitsfolge wissenschaftlicher Erkenntnisgewinnung
orientieren

- Problemdefinition
- Modellentwurf
- Modellanwendung
- Modellprüfung.

Problemdefinition zu Beginn der Systemanalyse ist notwendig, um die Kriterien zu erarbeiten, an Hand derer der Modellentwurf d.h. die Auswahl und Kombination methodischer Instrumente vorgenommen werden kann. Besondere Beachtung muß dabei den Einschränkungen und Vereinfachungen geschenkt werden, die meist notwendig sind, um komplexe Probleme modellmäßig zu behandeln; die wohl am häufigsten zitierte Vereinfachung besteht in der Linearisierung von Funktionszusammenhängen. Modellprüfung bedeutet hier einmal die Prüfung der Modellstruktur d.h. die Prüfung, ob das gewählte Modell mit seinen Vereinfachungen die zu untersuchenden Zusammenhänge hinreichend beschreibt, und darüber hinaus die Prüfung der Modellsensitivität bezüglich Parametervariationen. Das Aufzeigen komplizierter Fließdiagramme, die z.B. bei kybernetischen Modellen die Verbindungen der miteinander wechselwirkenden Größen darstellen, sind kein Ersatz für die Prüfung der Gültigkeit der angenommenen quantitativen Beziehungen zwischen den Größen (z.B. angenommener funktionaler Zusammenhang zwischen der zeitlichen Entwicklung des Bruttosozialprodukts und der Umweltverschmutzung).

Die Leistungsfähigkeit der beschriebenen Planungsmodelle (quantitativen Analysen) soll nun in folgenden drei Thesen zusammengefaßt werden:

1.) Die Anwendungsmöglichkeiten quantitativer Analysen sind dann gegeben, wenn die zu analysierenden Systeme eindeutig abzugrenzen sind und beim Beschreiben der Komponenten solcher Systeme keine semantischen Zweifel aufkommen können. Deshalb bleibt das Analysieren sozio-ökonomischer Systeme mit Hilfe solcher Modelle dann auch immer insofern problematisch, als es keine interpersonell geltenden und somit keine objektiven Kriterien für die zu ziehenden Modell- bzw. Systemgrenzen, so wie für die Auswahl und die Zuordnung der Modell- bzw. Systemelemente gibt.

2.) Die Ergebnisse quantitativer Analysen sind nur dann als Entschlußgrundlagen brauchbar, wenn die Modellstruktur untersucht wurde und darüber hinaus Sensitivitätsanalysen für alle wichtigen, in diesen Modellen vorkommenden Parameter durchgeführt worden sind.

3.) Für konkret formulierte Problemstellungen vermitteln quantitative Analysen nur dann vertiefte Problemerkenntnisse und ermöglichen damit verbesserte Entscheidungen, wenn man sie lediglich als Projektionen "möglicher alternativer Zukünfte" begreift. Sie liefern damit keinen Ersatz für politische Entscheidungsprozesse, sondern lediglich "Wenn : Dann-Aussagen" und machen so Entscheidungen einsichtiger und begründbarer.

Literatur

ALLGAIER, R.
Zur Lösung von Zielkonflikten
Diss, TU Karlsruhe, 1974

BATTELLE, Frankfurt
Bürgerinitiativen im Bereich von Kernkraftwerken
Bericht des BMFT, Bonn 1975

BOCKELMANN, D.
Kernkraftwerke - Ihre Standortwahl und ihre Bedeutung für die Raumordnung
Institut für Regionalwissenschaft der Universität Karlsruhe
Schriftenreihe Heft Nr. 5, Dezember 1974

BOWERS, L., FULLER, H.I. u.a.
Orcost-Capital Cost Summary-Programm
Union Carbide Corp. Nuclear Div., Oak Ridge, Tennessee

BRIGGS, G.A.
Plume rise
U.S. Atomic Energy Commission, 1969

Bundesministerium des Inneren
Prüfung der Umweltverträglichkeit öffentlicher Maßnahmen
Ergebnis der 3. internationalen Expertengespräche, 5./6.11.73

Bundesministerium des Inneren
Umweltqualitätsnormen im Spannungsfeld von
objektiver Festlegung und subjektiver Betroffenheit
Ergebnis der 4. internationalen Expertengespräche, 20./21.11.75

CHAPMANN, R. et.al.
Dose-Response Relationship Linking Short-term Air Pollution
Exposures to Aggravation of CardioRespiratory Illnesses.
Conference Report of the International Symposium:
Recent Advances in the Assessment of the Health
Effects of Environmental Pollution, Paris, 24-28 June 1974

CHARNES, A., COOPER, U.W.
Management Models and Industrial Applications of Linear Programming
Vol. 1, John Wiley, New-York, 1961

COLLATZ, L., WETTERLING, W.
Optimierungsaufgaben
Springer Verlag Berlin (1966)

DANTZIG, G.
Linear Programming and Extensions
Princeton University Press, Princeton, N.J. 1963

DINKELBACH, W.
Entscheidungen bei mehrfacher Zielsetzung und die
Problematik der Zielgewichtung
In: BUSSE v. COLBE, W., MEYER - DOHM, P.
Unternehmerische Planung und Entscheidung,
Bertelsmann Universitätsverlag, Bielefeld 1969

DÜLLEKES, H.P.
Ein multisektorales Energie- und Umweltplanungsmodell
In: Energiemodelle für die Bundesrepublik Deutschland
Kernforschungsanlage Jülich, Jül-Conf-15, April 1975, S. 207-223

Emissionskataster Köln
Herausgegeben vom Minister für Arbeit, Gesundheit
und Soziales des Landes Nordrhein-Westfalen (1972)

Energieprogramm 1975
Herausgegeben vom Ministerium für Wirtschaft, Mittelstand und
Verkehr Baden-Württemberg, Stuttgart 1975

FAUDE, D., BAYER, A., HALBRITTER, G. u.a.
Energie und Umwelt in Baden-Württemberg
KFK-1966 (UF). Karlsruhe, April 1974

FORTAK, H.
Anwendungsmöglichkeiten von mathematisch-meteorologischen
Diffusionsmodellen zur Lösung von Fragen der Luftreinhaltung
Herausgegeben vom Minister für Arbeit, Gesundheit und
Soziales des Landes Nordrhein-Westfalen, Düsseldorf 1972

FUNCK, R.
Normative Urteile bei der kooperativen Planung öffentlicher Aufgaben
In: FUNCK, R.: Karlsruher Beiträge zur Wirtschaftspolitik und
Wirtschaftsforschung. Institut für Wirtschaftspolitik und
Wirtschaftsforschung der Universität Karlsruhe, Heft 3, 1975, S. 23-32

FUNCK, R.
Entscheidungshilfen für die Regionalpolitik
In: FUNCK, R.: Heidenheimer Schriften zur Regionalwissenschaft
Verlag Stadt Heidenheim an der Brenz, 1976

GEOFFRION, A.M.
A Parametric Programming Solution to the Vector Maximum Problem,
with Applications to Decions under Uncertainty
Stanford Cal.: Graduate School of Bussiness,
Techn. Report No. 11, 1965

GEOFFRION, A.M.
Proper Efficiency and the Theory of Vector Maximization
In: Journal of Mathematical Analysis and Applications 22, 1968, S. 618-630

GUSTAFSON, S.A., KORTANEK, K.O.
On the calculation of optimal long-term air pollution abatement
strategies for multiple source areas
In: BEBBIA, C.A.: Mathematical Models for Environmental Problems,
PRENTECH PRESS London 1976, S. 161-171

HADLEY, G.
Nichtlineare und dynamische Programmierung
Physica Würzburg-Wien, 1969

HALBRITTER, G.
Einführung in das Problem "Kraftverkehr und Umwelt"
KFK 1614, Mai 1972

HENN, R., KÜNZI, H.P.
Einführung in die Unternehmensforschung II.
Springer Verlag Berlin, Heidelberg, New York, 1968

JANSEN, P.
Systemtechnik und Technokratievorwurf
In: LENK, H. (Hrg.): Technokratie als Ideologie,
Kohlhammer-Verlag, München 1973, S. 215-222

JANSEN, P.
Ökologische Perspektiven der Energiepolitik
Vortrag Evangelische Akademie Bad Boll, Februar 1976

JACOBI, W.
Beziehungen zwischen Strahlendoeis und dem
somatischen Strahlenrisiko.
Atomwirtschaft, Juni 1974, S.278-283

JUNGE, C.E.
Sulfur in the Atmosphere
J. Geophys. Res. 65, 1960, S. 227 - 237

JÜRGENSEN, H.
Allokationseffekte der Social Costs im Umweltschutz-
Unterrechnung zur Anwendung der Verursacherprinzips.
Gutachten erstellt dem Bundesminister des Innern, Hamburg, Oktober 1972

JÜTTLER, H.
Ein Modell zur Berücksichtigung mehrerer Zielfunktionen
bei Aufgabenstellung der mathematischen Optimierung.
In: Math. Modelle und Verfahren der Unternehmensforschung.
Köln, 1968, S. 11 - 31

KLEISS, M.
Inversionen in der unteren Troposphäre im Raum Karlsruhe-Stuttgart,
Berichte DWD, Nr. 90, 1963

KLUG, W.
Ein Verfahren zur Bestimmung der Ausbreitungsbedingungen
aus synoptischen Beobachtungen
Staub-Reinhaltung-Luft 29, 1969, S. 143 - 147

KÜRTH, H.
Zur Berücksichtigung mehrerer Zielfunktionen bei der
Optimierung von Produktionsplänen.
In: Mathematik und Wirtschaft, Band 6,
Berlin, 1969, S. 184-201

KOOPMANS, T.C.
Analysis of Production as an Efficient Combination of Activities
In: KOOPMANS, T.C.: Activity Analysis of Production and Allocation
John Wiley, New-York, 1951, S. 33-97

KOREK, J.
Das Kernkraftwerk der Zukunft - ein Heizkraftwerk?
In: Kraftwerk und Umwelt 1975,
VGB Vereinigung der Großkraftwerksbetreiber E.V., Essen, 1975, S. 14-18

LAHMANN, E. u.a.
Gutachten über die lufthygienischen Auswirkungen
der geplanten Erweiterung der Raffinerie der
Oberrheinischen Mineralwerke in Karlsruhe
Institut für Wasser-, Boden- und Lufthygiene
des Bundesgesundheitsamtes, Berlin-Dahlem, 1972

LAUSCHMANN, E.
Zur Frage der "social costs"
Jahrbuch für Sozialwissenschaft, Bd. 4/10, 1959, S. 199-220

LITTMANN, K.
Umweltbelastung - Sozialökonomische Gegenkonzepte
Verlag Otto Schwarz & Co., **Göttingen 1974**

MANDEL, H. u. a.
Die Systemanalyse Entschwefelungsverfahren - Eine Studie
im Auftrag des Bundesministeriums für Forschung und Technologie.
In: Kraftwerk und Umwelt 1975: VGB Technische Vereinigung der
Großkraftwerksbetreiber E.V., Essen, 1975, S. 24-28

MORGENSTERN, W.
Schwefeldioxid Immissions-Messungen 1972
Landesanstalt für Arbeitsschutz und Arbeitsmedizin,
Immissions- und Strahlenschutz, Karlsruhe
Bericht Nr. 13, 1973

NESTER, K.
Statistische Auswertungen der Windmessungen im
Kernforschungszentrum Karlsruhe aus den Jahren 1968/69
KFK-1606, Karlsruhe, Juni 1972

OTWAY, H.J.
Risk Assessment and Societal Choices
IIASA, Research Memorandum, RM-75-2,
Laxenburg, Februar 1975

PASQUILL, F.
The Estimation of the Dispersion of Windborne Material
Met. Mag. 90, 1961, S. 33 - 49

PIPER, H.B., MEDDLESON, F.A.
Siting Practice and its Relation to population
Nuclear Safety, Vol. 14, No. 6, 1973, S. 576-585

Programmstudie "Sekundärenergiesysteme"
Einsatzmöglichkeiten neuer Energiesysteme, Teil V: Fernwärme
Bundesministerium für Forschung und Technologie, Bonn 1975

RUSSELL, C.S., SPOFFORD, W.O.
A Quantitative Framework for Residuals Management Decisions
In: KNEESE, BOWER: Enrironmental Quality Analysis.
The John Hopkins Press, Baltimore and London, 1972, S. 115-179

RUSSELL, C.S.
Neuere Entwicklungen in der Forschung zur Planung der
Abfallverhinderung und -Beseitigung.
In: MENKE-GLÜCKERT u.a.: Planung für den Schutz der Umwelt
Münster 1973, S. 63-89

SIMONNARD, M.
Linear Programming
Prentice Hall Englewood Cliffs, N.J., 1966

SLADE, D.H.
Meterology and Atomic Energy
U.S. Atomic Energy Commission, Division of
Technical Information, July 1968

STARR, C., GREENFIELD, M.
Public Health Risks of Thermal Power Plants
UCLA-ENG-7242 (1972)

Statistische Berichte des Statistischen
Landesamtes Rheinland-Pfalz.
Die Industrie im Jahre 1972
EI 1-j/72 Bad Ems, März 1973

Technische Anleitung zur Reinhaltung der Luft (TA-Luft).
Herausgegeben vom Bundesministerium des Innern.
Bonn, August 1974

THOSS, R.
Ein integriertes Optimierungsmodell für die
Planung des Umweltschutzes
In: MENCKE-GLÜCKERT u.a.: Planung für den Schutz der Umwelt
Münster 1973, S. 143-159

THOSS, R.
Methodischer Ansatz eines integrierten Optimierungsmodells
zur Verbesserung des Umweltschutzes.
In: Ein integriertes Optimierungsmodell zur Verbesserung
des Umweltschutzes. Sonderdruck aus Seminarbericht 8 der

TURNER, D.B.
Workbook of Atmospheric Dispersion Estimates
U.S. Dep. of Health, Education, and Welfare, Cincinnati, 1970

WEBER, E.
Contribution to the Residence Time of Sulfur Dioxide
in a Polluted Atmosphere
J. Geophys. Res. 75, 1970, S. 2909 - 2914

WINKENS, H.P.
Nukleare Fernwärme
Atomwirtschaft, Juli/August 1975, S. 375-380

Zur Problematik des Verursacherprinzips
Ergebnis internationaler Expertengespräche
Beiträge zur Umweltgestaltung A7
Erich Schmidt Verlag, Berlin 1972

Anhang

Zur Lösung von nichtlinearen Optimierungsproblemen

Das vorliegende Problem - Minimierung einer konkaven Zielfunktion (degressiver Kostenverlauf) - wird als konkaves Optimierungsproblem bezeichnet. Konkave Optimierungsprobleme unterscheiden sich von konvexen Optimierungsproblemen, bei denen eine konvexe Funktion minimiert wird. Man nennt dabei eine Funktion f(x) konkav bzw. konvex, wenn gilt:

$$f(\alpha x_1 + (1-\alpha)x_2) \geq \alpha f(x_1) + (1-\alpha) f(x_2)$$

bzw.

$$f(\alpha x_1 + (1-\alpha)x_2 \leq \alpha f(x_1) + (1-\alpha) f(x_2)$$

mit $x_1, x_2 \in X$ konvexe Menge
$0 \leq \alpha \leq 1$.

Die folgenden Sätze, die als zentrale Sätze der nichtlinearen Optimierung bezeichnet werden, stellen den Unterschied zwischen konkaven und konvexen Optimierungsproblemen heraus.

<u>Satz 1:</u> Es sei f($\underline{x}$) eine konvexe Funktion, die über einem abgeschlossenen konvexen Menge X definiert ist, dann ist irgendein lokales Minimum von f($\underline{x}$) über X gleichzeitig das globale Minimum von f($\underline{x}$) über X. (Beweis /HADLEY (1969), S.120ff./).

<u>Satz 2:</u> Sei f($\underline{x}$) eine konkave Funktion, die über einer abgeschlossenen konvexen Menge X definiert ist, dann wird das globale Minimum von f($\underline{x}$) über X, soweit es endlich ist, an einem oder mehreren Extremalpunkten von X, dies sind lokale Minima des Problems, angenommen. (Beweis /HADLEY (1969), S.122ff./).

Nach Satz 1 wird für das konvexe Optimierungsproblem eine eindeutige Lösung erhalten. Wurde zum Beispiel bei der Lösung des Problems festgestellt, daß in der Umgebung eines Punktes keine besseren Punkte existieren, so liegt mit Sicherheit ein globales Minimum vor. Satz 1 gibt jedoch keine Aussage über die Lage des globalen Minimums, es kann an jeder Stelle des Lösungsraumes angenommen werden.

Nach Satz 2 existieren grundsätzlich lokale Minima. Die bekannten Optimierungsverfahren werden jedoch bei einem lokalen Minimum terminieren, ohne eine Aussage über die Güte der gefundenen Lösung im Vergleich zur optimalen Lösung zu gestatten. Dies stellt eine Erschwernis bei der Lösung konkaver Optimierungsprobleme dar. Mit Satz 2 sind die lokalen Minima jedoch bekannt, es sind dies die Extremalpunkte von X.

Da die Zielfunktion - minimale Kosten für die Standortverteilung (Modell 1) - konkav ist, liegt die optimale Lösung des Programms unter den Extremalpunkten, die durch die zulässigen Basislösungen dargestellt werden. Satz 2 kann deshalb in folgender Weise modifiziert werden:

<u>Satz 3:</u> Sei $\phi(\underline{x})$ die konkave Zielfunktion von Modell 1, die über der abgeschlossenen konvexen Menge, den Nebenbedingungen von Modell 1, definiert ist, dann wird das globale Minimum von $\phi(\underline{x})$ über X an einer oder mehreren zulässigen Basislösungen angenommen.

Günter Halbritter

Lebenslauf

22. August 1940	geboren in Heiligenstadt/Eichsfeld als Sohn des Rechtsanwaltes Dr. Josef Halbritter und dessen Ehefrau Maria geb. Goldmann
September 1946 bis Juli 1951	Besuch der Volksschule in Brückenau/Bayern
September 1951 bis Juli 1960	Besuch des naturwissenschaftlichen Gymnasiums in Brückenau/Bayern
Juni 1960	Ablegung der Reifeprüfung
Oktober 1960 bis September 1963	Offiziersanwärter und Offizier auf Zeit in der Bundeswehr. Kompanieoffizier in einer Einheit der Fallschirmtruppe
November 1963 bis Oktober 1969	Studium der Physik an der Technischen Universität München
Februar 1968 bis April 1969	Diplomarbeit über Neutronenspektrometrie
September 1969	Diplomhauptprüfung in Physik an der Technischen Universität München
November 1969 bis September 1971	Wissenschaftlicher Mitarbeiter am Institut für Neutronenphysik und Reaktortechnik des Kernforschungszentrums Karlsruhe. Experimentelle und theoretische Arbeiten an unterkritischen Reaktorcores.
Seit Oktober 1971	Wissenschaftlicher Mitarbeiter am Institut für Angewandte Systemanalyse des Kernforschungszentrums Karlsruhe
1972 bis 1974	Systemanalytische Studien zu Fragen des Umweltschutzes.
Seit 1975	Arbeiten zu Umweltauswirkungen des kerntechnischen Brennstoffzyklus.

Interdisciplinary Systems Research
Birkhäuser Verlag, Basel und Stuttgart

ISR 20
Hartmut Bossel / Salomon Klaczko / Norbert Müller (Editors):
System Theory in the Social Sciences

ISR 21
Ekkehard Brunn / Gerhard Fehl (Hrsg.):
Systemtheorie und Systemtechnik in der Raumplanung

ISR 22
Remakant Nevatia:
Computer Analysis of Scenes of 3-dimensional Curved Objects

ISR 23
Henry M. Davis:
Computer Representation of the Stereochemistry of Organic Molecules

ISR 24
Bernhelm Booss / Klaus Krickeberg (Hrsg.):
Mathematisierung der Einzelwissenschaften

ISR 25
Claus W. Gerberich:
Alternativen in der Forschungs- und Entwicklungspolitik eines Unternehmens

ISR 26
Hans-Paul Schwefel:
Numerische Optimierung von Computer-Modellen mittels der Evolutionsstrategie

ISR 27
Hermann Krallmann:
Heuristische Optimierung von Simulationsmodellen mit dem Razor-Search Algorithmus

ISR 28
Stefan Rath-Nagel:
Alternative Entwicklungsmöglichkeiten der Energiewirtschaft in der BRD

ISR 29
Harry Wechsler:
Automatic Detection of Rib Contours in Chest Radiographs

ISR 30
Alfred Voss:
Ansätze zur Gesamtanalyse des Systems Mensch—Energie—Umwelt

ISR 31
Dieter Eberle:
Ein Computermodell der Verflechtung zwischen Wohn- und Naherholungsgebieten der Region Hannover

ISR 32
Ernst Billeter / Michel Cuénod / Salomon Klaczko:
Overlapping Tendencies in Operations Research, Systems Theory and Cybernetics

ISR 33
G. Matthew Bonham / Michael J. Shapiro (Editors)
Thought and Action in Foreign Policy

ISR 34
Ronald H. Atkin
Combinatorial Connectivities in Social Systems

ISR 35
Moscheh Mresse
MOSIM — ein Simulationskonzept basierend auf PL/I

ISR 36/37/38
Hartmut Bossel (Editor)
Concepts and Tools of Computer-Assisted Policy Analysis
Volume 1: Basic Concepts
Volume 2: Causal Systems Analysis
Volume 3: Cognitive Systems Analysis

ISR 39
Rolf Pfeiffer
Kybernetische Analyse ökonomischer Makromodelle für die Bundesrepublik Deutschland

ISR 40
David Canfield Smith
PYGMALION: A Computer Program to Model and Stimulate Creative Thought

ISR 41
Friedrich Niehaus
Computersimulation langfristiger Umweltbelastung durch Energieerzeugung

ISR 42
Christian König (Herausgeber)
Energiemodelle für die Bundesrepublik Deutschland

ISR 43
Werner Schülein
Anwendung des Simulationsmodells BAYMO 70 auf die Stadtentwicklungsplanung. Band 1

ISR 44
Peter Eulenberger
Anwendung des Simulationsmodells BAYMO 70 auf die Stadtentwicklungsplanung. Band 2

ISR 45
Peter Eulenberger / Werner Schülein
Anwendung des Simulationsmodells BAYMO 70 auf die

ISR 46
Wolfgang Birkenfeld
Methoden zur Analyse von kurzen Zeitreihen

ISR 47
Takeo Kanade
Computer recognition of human faces

ISR 48
Erwin Grochla / Wolfgang Bauer / Herbert Fuchs / Helmut Lehmann / Wolfgang Vieweg
Zeitvarianz betrieblicher Systeme

ISR 49
Derek W. Bunn / Howard Thomas
Formal Methods in Policy Formulation

ISR 50
Gisela Arndt
Planung und statistische Auswertung von Computersimulationen interdependenter Modelle mit verzögerten endogenen Variablen

ISR 51
Karl. A. Stroetmann (Editor)
Innovation, Economic Change and Technology Policies

ISR 52
Peter Sokolowsky
Grundlagen der Rechnertechnik mit einer Einführung in Mikroprozessoren

ISR 53
Claude Jablon / Jean Claude Simon
Application des modèles numériques en physique

ISR 54
Reinhard Klein
Nutzenbewertung in der Raumplanung

GPSR Compliance

The European Union's (EU) General Product Safety Regulation (GPSR) is a set of rules that requires consumer products to be safe and our obligations to ensure this.

If you have any concerns about our products, you can contact us on

ProductSafety@springernature.com

In case Publisher is established outside the EU, the EU authorized representative is:

Springer Nature Customer Service Center GmbH
Europaplatz 3
69115 Heidelberg, Germany

www.ingramcontent.com/pod-product-compliance
Lightning Source LLC
LaVergne TN
LVHW010342260326
834688LV00036B/831

9 783764 310554